北京市城市污水
再生利用工程设计指南

Design Manual for Reclaimed and Reuse
of Municipal Wastewater in Beijing

杭世珺　编著
龙腾锐　主审

中国建筑工业出版社

图书在版编目(CIP)数据

北京市城市污水再生利用工程设计指南/杭世珺编著. —北京：中国建筑工业出版社，2006
ISBN 7-112-08342-7

Ⅰ.北… Ⅱ.杭… Ⅲ.城市污水-废水综合利用-北京市-指南 Ⅳ.X703-62

中国版本图书馆CIP数据核字(2006)第044787号

北京市城市污水再生利用工程设计指南
Design Manual for Reclaimed and Reuse
of Municipal Wastewater in Beijing
杭世珺　编著
龙腾锐　主审

*

中国建筑工业出版社出版、发行(北京西郊百万庄)
新 华 书 店 经 销
北京天成排版公司制版
北京建筑工业印刷厂印刷

*

开本：850×1168毫米　1/32　印张：4¼　字数：80千字
2006年8月第一版　2006年8月第一次印刷
印数：1—4000册　定价：**19.00**元
ISBN 7-112-08342-7
(15006)

版权所有　翻印必究
如有印装质量问题，可寄本社退换
(邮政编码　100037)

本社网址：http://www.cabp.com.cn
网上书店：http://www.china-building.com.cn

本书全面系统总结了北京市城市污水再生利用工程技术。全书共分为7部分，包括：概述、污水再生利用专业术语、污水再生利用的基本要点、污水再生利用工程设计规模、污水再生利用技术、再生水输配水、再生水系统维护管理。

本书内容虽然只涉及到北京市的污水再生利用工程技术，但这些工程技术具有广泛的适用性和示范性，对大城市、中等城市甚至一些小城市的污水处理再生利用都有很好的参考作用。

本书可为给水排水工程设计人员提供实用的技术指导，也可供大专院校相关专业师生参考、学习。

* * *

责任编辑：田启铭　石枫华

责任设计：董建平

责任校对：张景秋　王雪竹

北京市城市污水
再生利用工程设计指南

主要编写人员：
杭世珺　方先金　龙安平
参与编写人员：
张　韵　邵辉煌　武　红　张雅玲　俞惠文
张荣辉
校稿：
武　红

序

本书内容涉及的问题十分重要。污水处理再生利用,既是节约水资源的需要,又是保护环境的需要。

污水再生利用需要先进适用技术。在科学技术快速发展的今天,解决同一个问题可以有多种技术措施。选择适宜的技术,形成合理的工艺流程,既可以提高污水处理效率,又可以降低成本,节省费用。本书正是出于为工程设计人员提供技术选择的目的编写的。

本书的名称虽然是《北京市城市污水再生利用工程设计指南》,但是书的内容却有广泛的适用性——对大城市、中等城市,甚至一些小城市的污水处理回用都有参考作用。

本书的作者大都有比较深厚的理论知识和丰富的工程经验,本书的编写又是基于课题的研究,理论知识与工程经验在研究过程中相互完善,得到融合与升华,产生成果,构成了本书的内容。因此,可以相信,本书的出版对污水处理再生利用工程设计一定会有很好的技术指导作用。

污水再生利用,就是治污为净、变废为宝。中国地域辽阔、人口众多、分布广泛、凡有生产生活活动的地方都要用水，也都产生污水。水资源的有限是相对于用水需求而言的，生产规模的扩大，生活水平的提高，加剧了水资源的缺乏。推行污水再生利用，是缓解水资源紧张，支撑生产生活持续发展的有效方法。

对于污水处理再生利用技术发展和工程应用，我们一直很关注。在"九五"和"十五"国家科技计划中都安排了相应的研究课题，结合示范工程，从技术、设备、运行管理以及技术政策等方面进行了研究，取得了很有价值的成果。这些研究成果有的已经在工程中应用、有的编入了标准规范、有的写入了技术政策，它们为污水再生利用的发展奠定了很好的基础。本书的有些作者参加了这些工作，并且做出了贡献，这本书的出版是他们取得的新成果。

现在，我们正在积极推动污水处理再生利用，扩大再生水使用范围，这是因为在这方面我们还很欠缺。在工业、农业、城市建设以及生活杂用等用水中，再生水的比例很低，远没有达到应有的比例，现状距我们要达到的目标还很远。其实，即使我们很好地做到污水处理再生利用了，也要大力实行节约用水，提高用水效率，减少污水产生量，以源头节水为前提推行污水处理再生利用，是我们要达到的目标。

建设部科学技术司

2006 年 4 月 6 日

目 录

序
1 概述 ··· 1
  1.1 污水再生利用意义 ································· 1
  1.2 编制目的 ··· 2
  1.3 本书适用范围 ······································· 3
  1.4 城市污水再生利用规划 ···························· 3
  1.5 北京市城市污水再生利用基本原则 ············ 4
  1.6 污水再生利用政策 ································· 5
2 污水再生利用专业术语 ······························· 7
3 污水再生利用的基本要点 ···························· 11
  3.1 再生水水源 ·· 11
    3.1.1 一般要求 ······································· 11
    3.1.2 水源量 ·· 12
    3.1.3 水源水质 ······································· 14
  3.2 污水再生利用对象分类及主要约束条件 ······ 15
    3.2.1 对象分类 ······································· 15
    3.2.2 主要约束条件 ································ 16
  3.3 再生水水质 ·· 18
    3.3.1 水质指标 ······································· 18

  3.3.2 农业用水 ·················· 19
  3.3.3 工业用水 ·················· 22
  3.3.4 景观环境用水 ··············· 24
  3.3.5 城市杂用水 ················· 26
  3.3.6 补充地下水 ················· 28
  3.3.7 饮用水 ···················· 29
  3.3.8 水质标准的制定和修改 ········ 30

4 污水再生利用工程设计规模 ············ 31
4.1 再生水需水量的调查和分析 ·········· 31
  4.1.1 调查对象 ·················· 31
  4.1.2 调查方式 ·················· 32
  4.1.3 调查内容 ·················· 32
  4.1.4 调查结果分析 ··············· 33
  4.1.5 再生水需水量调查表 ·········· 34
4.2 再生水需水量的确定 ··············· 38
  4.2.1 冲洗道路和浇洒绿地 ·········· 38
  4.2.2 住宅和公共建筑冲厕 ·········· 39
  4.2.3 景观环境水体 ··············· 41
  4.2.4 农业用水 ·················· 41
  4.2.5 工业用水 ·················· 42
4.3 设计规模的确定 ··················· 43

5 污水再生利用技术 ······················· 44
5.1 概述 ······························· 44
5.2 处理工艺的选择 ··················· 45
5.3 单元技术 ························· 45
  5.3.1 主要单元技术 ··············· 45
  5.3.2 生物接触氧化法 ············· 47

5.3.3　混凝沉淀法 …………………………………… 48
　　5.3.4　石灰混凝再碳酸化(BS)法 …………………… 50
　　5.3.5　曝气生物过滤法 ………………………………… 51
　　5.3.6　快滤法 ………………………………………… 53
　　5.3.7　微絮凝-过滤法 ………………………………… 54
　　5.3.8　活性砂过滤器及活性砂除氮过滤器 …………… 56
　　5.3.9　超高速过滤器 ………………………………… 57
　　5.3.10　活性炭吸附法 ………………………………… 58
　　5.3.11　微滤法 ………………………………………… 60
　　5.3.12　超滤法 ………………………………………… 61
　　5.3.13　反渗透法和纳滤法 …………………………… 63
　　5.3.14　氯消毒 ………………………………………… 64
　　5.3.15　臭氧氧化法和臭氧消毒 ……………………… 65
　　5.3.16　紫外线消毒 …………………………………… 67
　5.4　污水再生利用主要组合工艺 ……………………… 68
　　5.4.1　再生水用于工业 ……………………………… 68
　　5.4.2　再生水用于城市杂用 ………………………… 70
　　5.4.3　再生水用于景观环境水体 …………………… 71
　　5.4.4　再生水用于农业 ……………………………… 71
　　5.4.5　再生水用于地下回灌补充水源水 …………… 72
　5.5　回用工程设计实例 ………………………………… 73

6　再生水输配水 …………………………………………… 78
　6.1　再生水管线设计 …………………………………… 78
　　6.1.1　输配水方式 …………………………………… 78
　　6.1.2　输配水管的布置 ……………………………… 79
　　6.1.3　再生水输配水管的水力计算 ………………… 81
　　6.1.4　输配水管调节设施的设计 …………………… 83

6.2 管材 ……………………………………………………… 85
  6.2.1 管材的选择 ………………………………………… 85
  6.2.2 钢管 ………………………………………………… 86
  6.2.3 球墨铸铁管 ………………………………………… 88
  6.2.4 高密度聚乙烯（HDPE）管 ………………………… 88
  6.2.5 硬聚氯乙烯塑料（PVC-U）管 ……………………… 90
  6.2.6 玻璃纤维增强热固性树脂夹砂（RPMP）管 ……… 91
  6.2.7 其他管材 …………………………………………… 92
6.3 防止再生水管误接的措施 ……………………………… 93
  6.3.1 再生水管的标志 …………………………………… 93
  6.3.2 再生水系统阀门井的标志 ………………………… 94
  6.3.3 再生水管道与建筑物、构筑物或其他管道的交叉 … 94

7 再生水系统维护管理 …………………………………… 95
7.1 运行管理 ………………………………………………… 95
  7.1.1 输配水管线的运行管理 …………………………… 96
  7.1.2 再生水厂的运行管理 ……………………………… 97
7.2 水质管理 ………………………………………………… 112
  7.2.1 主要内容 …………………………………………… 112
  7.2.2 水源水质管理 ……………………………………… 113
  7.2.3 供水的水质管理 …………………………………… 114
  7.2.4 水质测定 …………………………………………… 115
7.3 安全管理 ………………………………………………… 120
7.4 维护管理资料保存 ……………………………………… 122

参考文献 ……………………………………………………… 124
致谢 …………………………………………………………… 125

1 概　　述

1.1　污水再生利用意义

北京市地处华北平原北端，属于半干旱季风气候，天然水资源有限，年降雨量 600mm 左右，且年际、年内变化大，区域差异显著。随着城市规模不断扩大，人民生活水平逐年提高，城镇需水量也不断增长。然而，北京市人均占有水资源量仅 $300m^3$ 左右，为全国的 1/8，世界的 1/30，北京市已成为严重缺水的城市；与此同时，由于上游水环境污染、水土流失、来水量减少，使得水资源形势更加严峻。为了实现北京的可持续发展，必须采取有效措施，广泛地开源、节流，挖掘水资源潜力，实现北京市水资源的供需平衡。

由于长期过度开发水资源，北京市水资源处于亏损状态，地表水体干涸并受到不同程度的污染，地下水水位持续下降、水质衰退，导致北京地区呈现明显的干旱化趋势，严重威胁生态系统的良性循环。

污水再生利用不仅减少污染物排放总量，而且节约大量的新鲜水源，有利于改善北京市严重衰退的水环境。

随着北京市污水管网普及率和污水二级处理率的提高，污水处理量不断增加，以再生利用的污水为水源的水量、水质稳定，不受气候变化和季节影响，可替代部分城市用水，是可靠的第二水源。

污水再生利用立足于自有水源满足用水需求增长，是实现水资源可持续利用的有效途径。发展污水处理和污水再生利用，提高城市供水安全性和可靠性，降低对外部水源的依赖程度，是增强资源自立和自主的重要战略措施。

1.2 编制目的

城市污水再生利用工程与城市供水和排水工程相比，具有其特殊性：需考虑独立设置输配水系统，需分析市场营销的可行性和再生水应用的安全性等。在城市污水再利用方面，我国至今还没有相关的设计手册或指导用书。本书在总结北京市及全国城市污水再生利用的经验及参考国外相关设计手册的基础上，结合北京市城市污水再生利用的对象及水质、水量的要求，提出了一套经济合理、技术先进、具有可操作性的城市污水再生利用工程设计指南用书，用以指导北京市污水再生利用工程的规划、设计、建设和运行管理，并为我国其他城市和地区污水再生利用工程的建设提供参考。

1.3 本书适用范围

污水再生利用有直接利用和间接利用两种方式。直接再生利用是指城市污水经处理达到相应标准后，直接用管渠输送给用户；间接再生利用是指城市污水经处理达到相应标准后，排入自然环境，用户再从自然环境取水。间接再生利用主要是指地表水源增扩和地下水源增扩。

本书侧重于污水直接再生利用，即以城市污水二级处理出水为水源，包括工业利用、农业利用、城市杂用和景观环境用水等。

本书适用于城市污水再生利用工程规划、设计、建设和运营管理，指导选择再生水用途和城市污水再生处理工艺等相关技术。

本书不包含雨洪利用。

1.4 城市污水再生利用规划

城市总体规划应包含城市污水再生利用规划，该规划应与城市水环境规划、水资源综合利用规划、城市给水规划以及城市排水规划相协调。

城市污水再生利用规划应符合客观需要和具有实施的可行性；应近期和远期相结合，按照远期规划确定最终规模。

城市污水再生利用规划应以水源的水量水质和用户需求水量水质为主要依据，综合考虑城市污水再生利用和建筑中水利用，合理确定城市污水再生利用系统及设施的规模和布局。

1.5 北京市城市污水再生利用基本原则

（1）城市污水再生利用的设计应符合：1)城市总体规划和污水再生利用规划；2)城市水环境规划；3)水资源综合利用规划；4)城市给水工程规划；5)城市排水工程规划；6)城市水景水利工程规划。

（2）就近利用、积极稳妥：以污水处理厂为核心，优先满足再生水厂附近的利用对象。

（3）优水优用、分质供水。

（4）安全用水：应确保公众、操作人员的健康安全以及周边的环境安全，尤其需有效地控制病原菌的污染和传播。

(5)满足再生水水质标准和规范。

(6)选择合理的污水再生利用处理工艺：城市污水再生利用处理工艺应根据处理规模、水质特性、利用对象、安全性及经济技术比较后优选确定。

(7)根据北京市具体情况，逐步扩大再生水用户和用水量。城市污水再生利用应优先用于农业、工业循环冷却、河湖补水、道路浇洒和绿化。

(8)集中再生利用与分散再生利用相结合，以集中利用为主。

(9)北京市现有污水处理厂以生物方法为主，在规划建设再生水厂时，应首先考虑原污水处理厂的改扩建，增设脱氮除磷等深度处理工艺。

1.6 污水再生利用政策

污水再生利用是一项复杂的系统工程，涉及社会、经济生活的许多方面，尤其我国污水再生利用尚处于起步阶段，需要政府的宏观指导、推动和规范。

1. **理顺管理体制**

明确城市污水再生利用的管理部门，成立再生水业主公司，负责城市污水再生利用工程的建设、资金运转、经营再生水供水管网和再生水厂，按"保本微利"

的原则为再生水用户提供服务。

2. 引进市场机制

在污水处理和再生利用方面，引进市场机制，建立多元化的投资渠道，通过竞争提高效率、降低成本，为工程建设创造条件。

3. 建立合理的价格体系

体现优水优用，实行"按（水）质定价"，适当拉大自来水与再生水之间的价格差，引导用水单位积极使用再生水，促进水资源的合理开发，使水资源的利用趋向合理。

4. 逐步完善法规、标准和规范

高度重视污水再生利用法规、标准和规范的制订，并在实践中验证，不断修订和改进，逐步完善。

5. 鼓励城市污水再生回用的科学技术研究

鼓励积极开发新工艺、新流程、新技术、新材料、新设备，引进和推广应用各种先进适用技术，提高再生水领域的技术进步。

2 污水再生利用专业术语

1. 城市污水(Municipal Sewage)

排入城镇污水系统的污水的统称。在合流制排水系统中,还包括生产废水和截流的雨水。

2. 排水系统(Sewerage System)

排水的收集、输送、水质处理和排放等设施以一定方式组合成的总体。

3. 二级处理(Secondary Treatment)

污水经一级处理后,用生物处理方法继续去除污水中胶体和溶解性有机物的净化过程。

4. 二级强化处理(Upgraded Secondary Treatment)

既能去除污水中含碳有机物,也能脱氮除磷的二级处理工艺。

5. 污水再生利用(Wastewater Reclamation and Reuse)

污水再生利用为污水回收、再生和利用的统称,包括污水净化再生、实现水循环的全过程。

6. 再生水(Reclaimed Water)

污水经适当处理后，达到一定的水质指标，满足某种使用要求，可以进行有益使用的水。

7. 再生水厂(Water Reclamation Plant)

生产再生水的水处理厂。

8. 深度处理(Advanced Treatment)

进一步去除二级处理未能完全去除的污水中杂质的净化过程。深度处理通常由以下单元技术优化组合而成：混凝、沉淀(澄清、气浮)、过滤、活性炭吸附、脱氨、离子交换、膜技术、膜—生物反应器、曝气生物滤池、臭氧氧化、消毒及自然净化系统等。

9. 微孔过滤(Micro-porous Filter)

孔径为 $0.1 \sim 0.2 \mu m$ 的滤膜过滤装置的统称，简称微滤(MF)。

10. 城市杂用水（Urban Miscellaneous Water Consumption）

用于冲厕、道路清扫、消防、城市绿化、车辆冲洗、建筑施工的非饮用水。

11. 景观环境用水(Scenic Environment Use)

满足景观需要的环境用水，即用于营造城市景观水体和各种水景构筑物的水的总称。

12. 观赏性景观环境用水（Aesthetic Environment Use）

人体非直接接触的景观环境用水，包括不设娱乐设施的景观河道、景观湖泊及其他观赏性景观用水。它们由再生水组成，或部分由再生水组成（另一部分由天然水或自来水组成）。

13. 娱乐性景观环境用水（Recreational Environment Use）

人体非全身性接触的景观环境用水，包括设有娱乐设施的景观河道、景观湖泊及其他娱乐性景观用水。它们由再生水组成，或部分由再生水组成（另一部分由天然水或自来水组成）。

14. 中水系统（Reclaimed Water System）

由中水原水的收集、储存、处理和供给等工程设施组成的有机结合体，是建筑物或建筑小区的功能配套设施之一。

15. 建筑中水（Reclaimed Water System for Buildings）

建筑物中水和小区中水的总称。建筑物中水指在一栋或几栋建筑物内建立的中水系统。小区中水指在小区内建立的中水系统。小区主要指居住小区、也包括院校、机关大院等集中建筑区，统称建筑小区。

16. 中水设施(Equipments and Facilities of Reclaimed Water)

中水原水的收集、储存、处理、中水的供给、使用及其配套的检测、计量等全套构筑物、设备和器材。

17. 用水定额(Water Consumption Norm)

对不同的用水对象，在一定时期内制订相对合理的单位用水量的数值。

3 污水再生利用的基本要点

3.1 再生水水源

再生水水源包括城市污水(不包含重污染工业废水)、二级处理出水、小区生活污水、独立排水区域污水等。

3.1.1 一般要求

(1) 再生水水源应符合《污水排入城市下水道水质标准》(CJ 3082—1999)、《生物处理构筑物进水中有害物质允许浓度》(GBJ 14—87 附录三)、《污水综合排放标准》(GB 8978—1996)和《城镇污水处理厂污染物排放标准》(GB 18918—2002)等要求。

(2) 再生水水源应以城市生活污水和二级处理出水为主。与生活污水类似的工业废水亦可作为再生水水源,前提是排污单位对其进行预处理,达到相关标准后方可排入市政下水道。重金属、有毒有害物质超标的污水不得排入城市污水收集系统，不得作为再生水水源。

(3) 严禁将放射性废水作为再生水水源。

3.1.2 水源量

城市污水排入下水道，经再生处理后，约70%可以利用。

据2000年统计结果，北京市区污水总量264万 m^3/d，即9.64亿 m^3/a。目前，北京市污水处理厂处理能力148万 m^3/d，即5.40亿 m^3/a，占污水总量的56%。2005年，北京市污水总量17.66亿 m^3，其中规划市区污水总量为10.31亿 m^3，远郊区县污水总量为7.35亿 m^3。预计2010年，北京市污水总量为21.10亿 m^3，其中规划市区污水总量为12.00亿 m^3，远郊区县污水总量为9.10亿 m^3。按城市污水70%可再生利用计算，2005年北京市再生水源量为12.36亿 m^3，其中规划市区再生水源量为7.22亿 m^3。预计2010年，北京市再生水源量为14.77亿 m^3，其中规划市区再生水源量为8.40亿 m^3。

北京市15座污水处理厂的二级出水可为再生水源，北京市近、远期规划污水处理厂规模（2005年12月数据）见表3-1。

北京市近、远期规划污水处理厂规模

（单位：万 m^3/d） 表 3-1

污水处理厂	二级处理规模			再生利用规模	
	现有规模	近期将达到规模	远期将达到规模	近期回用规模	远期回用规模
高碑店污水处理厂	100	100	100	35	40
酒仙桥污水处理厂	20	35	35	6	6
北小河污水处理厂	4	6	10	6	6
清河污水处理厂	40	40	50	8	8
吴家村污水处理厂	8	8	8	5.97	8
卢沟桥污水处理厂	10	10	20	5.61	7.22
小红门污水处理厂	60	60	60	7	7
方庄污水处理厂	4	4	4	0.5	1.0
肖家河污水处理厂	2	2	4	2	4
五里坨污水处理厂		2	2	0.65	0.65
齐庄子小区中水设施				0.09	0.09
零散工业废水处理设施				5.91	5.91
北苑污水处理厂		4	7		1.24
郑王坟污水处理厂			30		0.6
堡头污水处理厂		2			
定福庄污水处理厂		4	19		0.3
东坝污水处理厂		2	7.8		0.23
合 计	248	279	337.8	82.7	96.2

3.1.3 水源水质

北京市已建污水处理厂出水水质(2005年12月数据)见表3-2。

已建污水处理厂出水水质　　　　表3-2

污水处理厂	处理规模(万 m^3/d)	BOD_5 (mg/L)	COD (mg/L)	SS (mg/L)	NH_3-N (mg/L)	TP (mg/L)
高碑店污水处理厂	100	9.05	34.16	14.53	1~3	4.29
方庄污水处理厂	4	12.38	35~56	17.51	0.7~1	0.3~2.5
北小河污水处理厂	6	12.34	44.15	18.18	23.40	0.7~3.5
酒仙桥污水处理厂	20	9.50	33.60	16.20	1.80	0.2~1.9
清河污水处理厂	40	12.50	46.00	11.10	0.7~14	0.2~2
卢沟桥污水处理厂	10	18	56	19	3~18	1.0
吴家村污水处理厂	8	15	40~50	16	1~3	0.5
肖家河污水处理厂	2	7.22	21.19	4.01	5.99	0.17

注：1. 肖家河污水处理厂采用了二级生物处理和化学除磷工艺。
　　2. 其他污水处理厂均在《城镇污水处理厂污染物排放标准》(GB 18918—2002)发布实施前建设的，现拟增设除磷脱氮深度处理设施。

3.2 污水再生利用对象分类及主要约束条件

3.2.1 对象分类

污水再生利用对象主要有农林牧渔业用水、城市杂用水、工业用水、环境用水及补充水源水,其分类见表3-3。

城市污水再生利用类别(GB/T 18919—2002) 表3-3

序号	分类	范围	示例
1	农、林、牧、渔业用水	农田灌溉	种籽与育种、粮食与饲料作物,经济作物
		造林育苗	种籽、苗木、苗圃、观赏植物
		畜牧养殖	畜牧、家畜、家禽
		水产养殖	淡水养殖
2	城市杂用水	城市绿化	公共绿地、住宅小区绿化
		冲厕	厕所便器冲洗
		道路清扫	城市道路的冲洗及喷洒
		车辆冲洗	各种车辆冲洗
		建筑施工	施工现场清扫、浇洒、灰尘抑制、混凝土制备与养护、施工中的混凝土构件和建筑物冲洗
		消防	消火栓、消防水炮

续表

序号	分 类	范 围	示 例
3	工业用水	冷却用水	直流式、循环式
		洗涤用水	冲渣、冲灰、消烟除尘、清洗
		锅炉用水	中压、低压锅炉
		工艺用水	溶料、水浴、蒸煮、漂洗、水力开采、水力输送、增湿、稀释、搅拌、选矿、油田回注
		产品用水	浆料、化工制剂、涂料
4	环境用水	娱乐性景观环境用水	娱乐性景观河道、景观湖泊及水景
		观赏性景观环境用水	观赏性景观河道、景观湖泊及水景
		湿地环境用水	恢复自然湿地、营造人工湿地
5	补充水源水	补充地表水	河流、湖泊
		补充地下水	水源补给、防止海水入侵、防止地面沉降

3.2.2 主要约束条件

不同的污水再生利用对象，由于影响因素不同，约束条件不同。不同污水再生利用对象的主要约束条件见表3-4。

污水再生利用对象的主要约束条件　　表3-4

污水再生利用对象	主要约束条件
农业灌溉 1. 农业灌溉 2. 商用苗圃	1. 水质影响，特别是盐与重金属对土壤与作物的影响； 2. 公众接受程度影响作物的市场销售情况
景观灌溉 1. 公园 2. 校园 3. 高速公路中央 4. 高尔夫球场 5. 绿化带 6. 居民区	1. 人体直接接触感染致病菌； 2. 气溶胶传播致病菌； 3. 管理不善，地表水、地下水将受到污染
工业回用 1. 冷却用水 2. 锅炉用水 3. 洗涤用水 4. 工艺用水 5. 产品用水	1. 可能产生结垢、腐蚀、生物繁殖与污垢； 2. 公众健康问题，特别是冷却水中有机物与致病菌的气溶胶传播，以及各种工艺用水的致病菌传播； 3. 工艺对水质的特殊要求
补充水源 1. 补充地表水 2. 补充地下水 3. 控制地面下沉	1. 痕量有机物及其毒性效应； 2. 总溶解固体、金属盐与致病菌； 3. 处理、操作不善，原水体将受到污染
康乐活动/环境用水 1. 湖泊与池塘 2. 沼泽地改良 3. 扩大河流流量 4. 景观用水 5. 养鱼	1. 致病菌、病毒对健康的影响； 2. N、P引起富营养化； 3. 美学问题； 4. 公众接受程度

续表

污水再生利用对象	主要约束条件
城市杂用 1. 消防 2. 空调 3. 建筑施工	1. 气溶胶传播致病菌; 2. 水质对结垢、腐蚀、生物繁殖与污垢的影响; 3. 可能同给水管道交叉; 4. 公众接受程度
饮用水回用 1. 渗入自来水 2. 直接供作饮用	1. 痕量有机物及其毒性对公共健康的潜在危害; 2. 美学问题与公众接受程度; 3. 关注由致病菌引起的公共健康问题

3.3 再生水水质

3.3.1 水质指标

再生水水质指标可分为物理指标、化学指标、生物化学指标、毒理学指标、细菌学指标和其他指标。

(1) 物理指标主要包括浊度(悬浮物)、色度、嗅和味、电导率、含油量、溶解性固体、温度等。

(2) 化学指标主要包括 pH 值、硬度、金属与重金属离子(铁、锰、铜、锌、镉、镍、锑、汞、铅)、氧化物、硫化物、氢化物、挥发性酚、阴离子表面活性剂等。

(3) 生物化学指标主要包括生化需氧量(BOD)、化学需氧量(COD)、溶解氧(DO)、总氮、氨氮和总磷等。

（4）毒理学指标实际上是化学指标中有毒性的化学物质，包括氟化物、有毒重金属离子、汞、砷、硒、酚类和各类致癌、致畸、致基因突变的有机污染物质（如多氯联苯、多环芳烃、芳香胺类和以三卤甲烷为代表的有机卤化物等），以及亚硝酸盐、一部分农药和放射性物质。

（5）细菌学指标是反映威胁人类健康的病原体污染指标，如大肠杆菌、细菌总数、寄生虫卵、余氯等。余氯是防止在供水过程中管道内二次污染的重要指标。

（6）其他指标包括那些在工农业生产中或其他用水过程中对再生水有一定要求的水质指标。

3.3.2 农业用水

再生水用于农业应确保公众健康安全和农作物产量及质量。

城市污水经再生处理和消毒后，出水基本上没有致病菌，可用于农作物灌溉。

再生水中的盐度、硼和微量金属元素等成分会对农业灌溉产生重要影响。盐度较高降低土壤的渗透能力，影响土壤结构。硼对作物产量有非常重要的影响，二级生物处理不能有效地去除硼。在城市污水回用于农业设计中若需除硼，应考虑采用化学沉淀技术。再生水中微量金属元素的浓度受污水水源和处理工艺的影响,北京市污水经过二级处理后,微量元素的浓度能够满足农业灌溉的要求。

氮是植物生长必须的营养元素,但过高的氮浓度会导致作物过度生长,延迟成熟期,降低产量和质量。凯氏氮含量在 5mg/L 以下是普遍能够接受的,超过 30mg/L 将产生严重问题。

在我国,再生水用于农业的水质标准比较成熟,农田灌溉水质标准见表 3-5。

农田灌溉水质标准(GB 5084—92)(单位:mg/L)　　表 3-5

项　目		农田灌溉水质标准		
		水　作	旱　作	蔬　菜
BOD_5	≤	80	150	80
COD_{Cr}	≤	200	300	150
SS	≤	150	200	100
阴离子表面活性剂	≤	5.0	8.0	5.0
凯氏氮	≤	12	30	30
pH	≤	5.5~8.5		
总磷(以 P 计)	≤	5.0	10	10
全盐量	≤	1000(非盐碱地区),2000(盐碱地区)有条件地区可以适当放宽		
氯化物	≤	250		

续表

项 目		农田灌溉水质标准		
		水 作	旱 作	蔬 菜
硫化物	≤	1.0		
挥发酚	≤	1.0		
总汞	≤	0.001		
总镉	≤	0.005		
总铜	≤	1.0		
总铅	≤	0.1		
总硒	≤	0.02		
总锌	≤	2.0		
总砷	≤	0.05	0.1	0.05
铬(六价)	≤	0.1		
氟化物	≤	2.0(高氟区),3.0(一般地区)		
氰化物	≤	0.5		
苯	≤	2.5		
石油类	≤	5.0	10	1.0
三氯乙醛	≤	1.0	0.5	0.5
丙烯醛	≤	0.5		
硼	≤	1.0(对硼敏感作物),2.0(对硼耐受性较强作物),3.0(对硼耐受性强作物)		
粪大肠菌群数(个/L)	≤	10000		
蛔虫卵数(个/L)	≤	2		
水温(℃)	≤	35		

3.3.3 工业用水

工业冷却用水水量较大，水质要求较低，适合使用再生水。

再生水用于工业冷却的潜在问题主要涉及三个方面：结垢、腐蚀和生物堵塞。引起结垢的物质包括碳酸钙和磷酸钙。引起腐蚀的物质是总溶解固体，包括氯化物和氨，氨对热水交换系统中铜合金的腐蚀性较大。生物堵塞是营养物质造成的，如氮和磷；营养物和好氧环境为微生物生长创造了条件，微生物孳生意味着热传递效率和水泵效率降低，并由于生物腐蚀造成设备的使用期缩短。

因此，二级出水用作工业冷却水之前，必须经过适当的处理，去除钙、碳酸盐、磷和硅，并通过加氯消毒控制微生物的孳生。

不同处理方法的经济性不同，费用比较结果为：钠离子交换＞石灰/苏打＞铝处理＞逆向流微滤＞内部化学处理。随着膜技术的成熟，逆向流微滤是比较理想的处理方式。内部化学处理费用最低，但是其浓缩倍数低。

化学制水和工艺用水对再生水水质有不同的要求，我国尚没有统一的水质标准。在设计过程中，必须进行充分的调研、分析和评估,减少对工艺过程和设备的影响,确保用水的安全性和经济性。

再生水用作冷却用水的水质控制指标见表3-6。

再生水用作冷却用水的水质控制指标

(GB 50335—2002)(单位:mg/L)　　表3-6

项　目	直流冷却水	循环冷却补充水
pH 值	6.0～9.0	6.5～9.0
SS ≤	30	—
浊度(NTU) ≤	—	5
BOD_5 ≤	30	10
COD_{Cr} ≤	—	60
铁 ≤	—	0.3
锰 ≤	—	0.2
Cl^- ≤	300	250
总硬度(以 $CaCO_3$ 计) ≤	850	450
总碱度(以 $CaCO_3$ 计) ≤	500	350
氨氮 ≤	—	10[①]
总磷(以 P 计) ≤	—	1
溶解性总固体 ≤	1000	1000
游离余氯	末端0.1～0.2	末端0.1～0.2
粪大肠菌群(个/L) ≤	2000	2000

① 当循环冷却系统为铜材换热器时,循环冷却系统水中的氨氮指标应小于1mg/L。

3.3.4 景观环境用水

景观环境水体包括两种类型：人体非全身接触的娱乐性景观环境用水和人体非直接接触的观赏性景观环境用水。

再生水用于景观环境水体带来的主要问题是富营养化、泡沫产生和细菌繁殖。控制富营养化主要通过降低再生水的氮磷含量，同时也应降低出水中悬浮固体浓度。控制泡沫主要通过减少再生水中阴离子表面活性剂的含量。控制细菌数量主要通过消毒措施。

人们在娱乐过程中有可能非全身地接触水体，因此对娱乐性景观环境用水水质要求严格，包括美学、物理、化学和生物学指标。在工程设计中，应注意区分水体与人体接触的可能性，并详细分析水体的流动状况。同时应特别注意满足国家标准《城市污水再生利用景观环境用水水质》(GB/T 18921—2002)中化学毒理学指标的要求及标准对景观河道水力停留时间等要求。景观环境用水的再生水水质指标见表 3-7。

景观环境用水的再生水水质指标

(GB/T 18921—2002)(单位：mg/L)   表 3-7

序号	项目	观赏性景观环境用水			娱乐性景观环境用水		
		河道类	湖泊类	水景类	河道类	湖泊类	水景类
1	基本要求	无漂浮物，无令人不愉快的嗅和味					

续表

序号	项目	观赏性景观环境用水			娱乐性景观环境用水		
		河道类	湖泊类	水景类	河道类	湖泊类	水景类
2	pH	6～9					
3	BOD_5 ≤	10	6		6		
4	SS ≤	20	10		—ⓐ		
5	浊度(NTU)≤	—ⓐ			5		
6	溶解氧 ≥	1.5			2		
7	总磷（以P计）≤	1	0.5		1	0.5	
8	总氮 ≤	15					
9	氨氮（以N计）≤	5					
10	粪大肠菌群（个/L）≤	10000	2000		500		不得检出
11	余氯ⓑ ≥	0.05					
12	色度(度) ≤	30					
13	石油类 ≤	1					
14	阴离子表面活性剂≤	0.5					

注：1. 对于需要通过管道输送再生水的非现场回用情况采用加氯消毒方式；而对于现场回用情况不限制消毒方式。

2. 若使用未经过除磷脱氮的再生水作为景观环境用水，鼓励使用本标准的各方在回用地点积极探索通过人工培养具有观赏价值水生植物的方法，使景观水体的氮磷满足表中的要求，使再生水中的水生植物有经济合理的出路。

ⓐ "—"表示对此项无要求。

ⓑ 氯接触时间不应低于30min的余氯。对于非加氯消毒方式无此项要求。

3.3.5 城市杂用水

城市杂用亦称市政杂用,包括冲厕、道路清扫、消防、城市绿化、车辆冲洗、建筑施工用水等。使用过程中,人体接触再生水的频率较高,必须进行严格的消毒,保证余氯含量,控制微生物数量,抑制致病菌的孳生。

《城市再生水 杂水标准》(GB/T 18920—2002)和北京市中水水质标准分别见表3-8和表3-9。在使用中应以国标为准。

城市杂用水水质标准(GB/T 18920—2002)(单位:mg/L)

表3-8

序号	项 目	冲厕	道路清扫、消防	城市绿化	车辆冲洗	建筑施工
1	pH	6～9				
2	色度(度) ≤	30				
3	嗅	无不快感				
4	浊度(NTU) ≤	5	10	10	5	20
5	溶解性总固体 ≤	1500	1500	1000	1000	—
6	BOD_5 ≤	10	15	20	10	15
7	氨氮 ≤	10	10	20	10	20
8	阴离子表面活性剂 ≤	1.0	1.0	1.0	0.5	1.0
9	铁 ≤	0.3	—	—	0.3	—

续表

序号	项目	冲厕	道路清扫、消防	城市绿化	车辆冲洗	建筑施工
10	锰 ≤	0.1	—	—	0.1	—
11	溶解氧 ≥	1.0			
12	总余氯	接触30min后≥1.0,管网末梢≥0.2			
13	总大肠菌群(个/L)≤	3			

北京市中水水质标准《北京市中水设施建设管理试行办法》(1987年)(单位：mg/L) 表3-9

编号	项目	标准
1	色度	色度不超过40度
2	嗅	无不快感觉
3	pH	6.5~9.0
4	悬浮物SS	不超过10
5	生化需氧量 BOD_5	不超过10
6	化学需氧量 COD_{Cr}	不超过50
7	阴离子合成洗涤剂	不超过2
8	细菌总数(个/mL)	不超过100
9	总大肠菌群(个/mL)	不超过3
10	游离余氯	管网末端水不小于0.2

注：1. 中水其他理化指标，视不同用途，应达到国家的有关水质标准及用水设备本身的要求。
　　2. 本表所列标准第1、2、3、7、8、9、10项按国家生活饮用水标准检验法检测，其他项目按国家规定的污水检验法检测。

3.3.6 补充地下水

根据操作方式的不同,再生水补充地下水可分为喷洒法和注入法;根据不同用途,含水层可分为饮用含水层和非饮用含水层。回灌方式不同,回灌目的不同,应相应地执行不同的再生水水质标准。

对于注入法补充饮用含水层,再生水至少应达到地下水饮用水水源水质标准。喷洒法补充含水层时,对再生水的水质要求可适当降低。

在设计过程中,应分析含水层的功能,防止地下水污染。国家标准《城市污水再生利用 地下水回灌水质》(GB/T 19772—2005)见表3-10。本标准适用于以城市污水再生水为水源,在各级地下水饮用水源保护区外,以非饮用为目的,采用地表回灌和井灌的方式进行地下水回灌。

城市污水再生水地下水回灌基本控制项目及限值
(GB/T 19772—2005)   表3-10

序号	基本控制项目	单位	地表回灌[a]	井灌
1	色度	稀释倍数	30	15
2	浊度	NTU	10	5
3	pH	—	6.5~8.5	6.5~8.5
4	总硬度(以 $CaCO_3$ 计)	mg/L	450	450
5	溶解性总固体	mg/L	1000	1000
6	硫酸盐	mg/L	250	250

续表

序号	基本控制项目	单位	地表回灌[a]	井灌
7	氯化物	mg/L	250	250
8	挥发酚类（以苯酚计）	mg/L	0.5	0.002
9	阴离子表面活性剂	mg/L	0.3	0.3
10	化学需氧量(COD)	mg/L	40	15
11	五日生化需氧量(BOD_5)	mg/L	10	4
12	硝酸盐（以 N 计）	mg/L	15	15
13	亚硝酸盐（以 N 计）	mg/L	0.02	0.02
14	氨氮（以 N 计）	mg/L	1.0	0.2
15	总磷（以 P 计）	mg/L	1.0	1.0
16	动植物油	mg/L	0.5	0.05
17	石油类	mg/L	0.5	0.05
18	氰化物	mg/L	0.05	0.05
19	硫化物	mg/L	0.2	0.2
20	氟化物	mg/L	1.0	1.0
21	粪大肠菌群数	个/L	1000	3

a 表层黏性土厚度不宜小于1m，若小于1 m按井灌要求执行。

3.3.7 饮用水

污水再生利用于饮用水系统，包括地表、地下水源增扩和直接进入饮用水供水管网。

目前，大多数专家认为，再生水直接作为饮用水水源尚有许多不确定因素，常规的再生处理工艺不足以保证其安全性，还需要进行再生水化学物质对人体健康的急性和长期效应实验，故不宜提倡。

为保证饮用水的安全性，再生水用于地表和地下水源增扩时，再生水水质必须达到或优于原水源水质。

3.3.8 水质标准的制定和修改

再生水水质标准的制定和修改应保证污水再生利用安全，促进污水再生利用发展。标准过低会存在安全隐患，标准过高会造成经济浪费，均不利于污水再生利用的发展。同时，水质标准应能反映先进的工程经验和技术进步。

北京市于1987年颁布了《北京市中水设施建设管理试行办法》，这是北京市第一部再生水水质标准，对污水再生利用起到了积极的推动作用。但是，随着水处理技术的进步，污水再生利用不再局限于建筑中水。目前，在实施污水再生利用的过程中，已积累了大量的工程经验，旧的标准已经不能适应污水再生利用的需要和发展，建议制订新的污水再生利用标准。

4 污水再生利用工程设计规模

确定污水再生利用工程规模是设计再生水处理设施、输配水管网和利用设备的基础,应根据再生水需水量和城市发展规划等因素来确定。由于目前我国尚无一套完整的再生水定额标准,一般以用户需水量的调查资料为基础。

4.1 再生水需水量的调查和分析

用户需水量调查包括调查对象、调查方式、调查内容和调查结果分析四个阶段。

4.1.1 调查对象

首先对潜在的再生水用户的主管部门、规划管理部门及市政管理部门进行调查,获取有关信息,了解潜在的再生水用户的行业分类、企业名称、地点等,如:生产企业部门(工业用水)、水利部门(河湖补水、景观环境水体)、园林部门(绿地浇洒)、居住小区(冲洗马桶)、环卫部门(冲洒马路)等。

然后对再生水用户进行详细的调查、筛选和确定。

4.1.2 调查方式

调查方式一般有两种,即问卷式和走访式。

一般先以问卷方式进行调查,并分析回收的问卷,确定用水大户,然后对用水大户及有疑点的用户进行走访调查,直到取得满意结果为止。

问卷式调查应在调查前详细列出调查内容,以保证调查的完整性和可靠性。

4.1.3 调查内容

确定调查对象后,针对再生水用户的特点,确定调查内容。

对工业企业再生水用户的调查内容一般包括:有可能使用再生水的工厂工艺用水、洗涤用水、冷却用水、锅炉补水等设备的平均日用水量,当前的最高日用水量。

对居住小区的调查内容一般包括:常住人口数、流动人口数、楼层高度、卫生洁具数量、小区绿化布置和面积、小区道路布置和面积等。

对环卫部门的调查内容一般包括:现况道路布置和

面积、洒水车种类及大小、洒水次数、季节用水量变化等。

对园林部门的调查内容一般包括：区域公园数量、绿化布置和面积、绿化种类、绿化浇水次数、季节用水量变化等。

对水利部门的调查内容一般包括：区域内河湖和水体分布、水体功能及类别、河流断面和长度、有无清洁补充水源、补水次数、补水量、季节性补水变化等。

对规划部门的调查内容一般包括：规划年限及规划人口数、规划绿地面积、规划区域功能划分等。

4.1.4 调查结果分析

对所获得的调查结果，应从技术和经济上进行科学分析。按用户的用水量、分布和水质要求及经济上的考虑对调查的潜在用户进行分类、筛选、确定再生水厂厂址和输水管网布置。

应优先满足大用户的需要，兼顾小用户的需求。

将调查结果与供水定额相比较，确定合适的再生水用水定额。

将分析结果按照一定的规律列表存档，作为确定污水再生利用工程规模的基础资料。

4.1.5 再生水需水量调查表

调查表应清晰易懂、方便填写，其内容能满足污水再生利用工程设计的需要。表 4-1～表 4-4 为不同再生水用户调查表，供设计人员在调查时参考。实际使用时，设计人员可根据具体的污水再生利用工程增加或修改调查内容。

景观环境用水基本情况调查表　　　表 4-1

景观环境水体名称			
主管单位及部门			
主要功能和规划水体要求			
现况水质			
目前补水水源			
底部结构和护坡结构			
实际维护情况			
水面面积(m^2)		底部面积(m^2)	
渗漏量(mm/d)		日蒸发量(mm/d)	
年换水次数		要求再生水水量(m^3/d)	
目前补水水价(元/m^3)			
资金来源			
对再生利用工程的要求			
其他			

冲洒道路基本情况调查表　　　表 4-2

道路(或区域)名称			
调查项目	调查内容		说　明
现状道路	总面积(m^2)		
	主干道(m^2)		
	次干道(m^2)		
现状维护冲洗道路	面积(m^2)		
	占区域内总道路面积百分比(%)		
	冲洗水水源		
	冲洗水量(m^3/d)		
	冲洗时间(d/a)		
	用水量指标(m^3 水/m^2 道路)		
现水源水费	水费单价(元/m^3)		
	费用来源		
规划道路	总面积(m^2)		
	主干道(m^2)		
	次干道(m^2)		
其他	对再生利用工程的具体要求		
	其他要求		

绿化再生水基本情况调查表　　　　表 4-3

调查项目	调查内容		说　明
绿化区名称			
已建绿化面积	道路绿化隔离带面积(m^2)		
	集中绿化面积(m^2)		
	零散绿化面积(m^2)		
	合　计		
现况维护浇洒绿地	面积（m^2）		
	占区域内总面积的百分比(%)		
	用水量(m^3/月)		
	用水量的计量方法		
	用水量指标(m^3水/m^2绿地)		
	浇洒时间(d/a)		
	主要集中月份		
目前水源水费	水费支出单价(元/m^3)		
	费用来源		
规划绿化面积	道路绿化隔离带面积(m^2)		
	集中绿化面积(m^2)		
	零散绿化面积(m^2)		
	合　计		
其他	对再生利用工程的具体要求		
	其他要求		

工业用户再生水基本情况调查表　　　表 4-4

工厂名称		季　度			
调查项目	调查内容	春季	夏季	秋季	冬季
水 源	河水(m^3/d)				
	自来水(m^3/d)				
	自备水井(m^3/d)				
	中水(m^3/d)				
	合计(m^3/d)				
用 水 情 况	工艺用水(m^3/d)				
	锅炉用水(m^3/d)				
	空调用水(m^3/d)				
	冷却用水(m^3/d)				
	厂区环境用水(m^3/d)				
	其他用水(m^3/d)				
	合计(m^3/d)				
现水源水费	河水(元/m^3)				
	自来水(元/m^3)				
	中水(元/m^3)				
	自备水井(元/m^3)				
水重复利用和排污	重复用水量(m^3/d)				
	重复利用率(%)				
	排放污水量(m^3/d)				
主要产品					
生产过程和排放污水中的有毒物质					
对回用工程的具体要求					
其他					

4.2 再生水需水量的确定

4.2.1 冲洗道路和浇洒绿地

冲洗道路和浇洒绿地的用水量视城市规模、路面种类、绿化面积、气候和土壤等条件而定。可按式(4-1)计算：

$$Q_1 = \Sigma q_1 \times F_1 \times n_1 \times 10^{-3} \qquad (4-1)$$

式中 Q_1——冲洗道路或浇洒绿地的用水量(m^3/d)；

q_1——冲洗道路或浇洒绿地的用水量定额[L/($m^2 \cdot$ 次)]；

F_1——道路或绿地总面积(m^2)；

n_1——每日洒水次数(次/d)。

按照国家标准，冲洗道路和场地的用水量指标为 $2L/(m^2 \cdot 次)$，每天 1~2 次。根据北京市环卫局提供的数据，浇洒道路的用水指标为 $0.4L/(m^2 \cdot 次)$。考虑到路面保洁和冲洗的需要，北京市的规划指标为 $1.5 \sim 2.0 L/(m^2 \cdot d)$。

绿化用水量指标为 $0.3 \sim 2L/(m^2 \cdot d)$。根据园林部门提供的数据，草坪、绿化隔离带和生态林绿地用水指标分别为 $2.0L/(d \cdot m^2)$、$1.33L/(d \cdot m^2)$、$0.16L/(d \cdot m^2)$。

在确定用水指标时，应注意到交通主干道和住宅区内道路、大面积绿地和小面积绿地的用水量不同。

因此，冲洗道路和浇洒绿地再生水量的确定，应先根据调研结果，结合实际情况，确定用水指标，然后利用公式计算出浇洒道路和绿地的用水量。

需要注意的是，北京市的冬季和下雨日不需要冲洗道路和浇洒绿地，冲洗日一般按每年250~270d计算。

4.2.2 住宅和公共建筑冲厕

除用户申请水量外，一般按推算的方法确定，推算的方法有用水量标准计算法、建筑面积计算法和卫生器具计算法三种。实际使用中可根据调查获得的基础资料选用一种适宜的方法，并用另外两种方法校核。

1. 用水量标准计算法计算式

$$Q_2 = \Sigma(q_2 \times F_2 \times N_2 \times 10^{-3}) \qquad (4-2)$$

式中　Q_2——冲厕再生水水量(m^3/d)；

　　　q_2——生活用水量标准[L/(人·d)]；

　　　F_2——冲厕用水占生活用水的比例(%)；

　　　N_2——使用人数(人)。

根据北京市供水规划，远期人均住宅用水标准为140L/(人·d)。北京市部分家庭用水调查显示，冲厕用水约占生活用水的25%~30%；有关资料表明，在日本和美国，冲厕用水约占生活用水的27%~38%；北京市住宅冲厕用水按生活用水的25%～35%计，则住宅冲厕用水量标准为35～49L/(人·d)。

公共建筑用水标准采用220L/(人·d)，冲厕用水约占20%～25%，因此，公共建筑冲厕用水量标准为44～55L/(d·人)。

2. 建筑面积计算法计算式

$$Q_3 = \Sigma(q_3 \times F_3 \times 10^{-3}) \qquad (4-3)$$

式中　Q_3——冲厕再生水水量(m^3/d)；

　　　q_3——单位建筑面积的用水量标准[L/($m^2·d$)]；

　　　F_3——建筑面积(m^2)。

住宅冲厕用水标准为1.5L/($m^2·d$)，公共建筑冲厕用水标准为3L/($m^2·d$)。

3. 卫生器具计算法计算式

$$Q_4 = \Sigma(n_4 \times q_4 \times C_4 \times H_4 \times 10^{-3})$$

式中　Q_4——日最大用水量(m^3/d)；

　　　n_4——卫生器具个数(个)；

　　　q_4——每次用水量[L/(次·个)]；

　　　C_4——每小时利用次数(次/h)；

　　　H_4——使用时间(h)。

该方法需对用户卫生器具设施进行详细调查，在设施内容明确的情况下采用。

目前市场上卫生器具品种繁多，一般分为节水型、普通型和豪华型。节水型大便器为6L/次，普通型、豪华型大便器为9～13L/次。

4.2.3 景观环境水体

除常年输水河道外，北京市其他水体无清洁水源。为保持水体景观，需要补充水体的蒸发和渗漏损失，并定期换水。

水体蒸发量因地域、季节的不同而不同，一般可从气象部门和水利部门得到数据。

水体的渗透量可根据地质情况和河湖存水部分的结构构造来确定。

换水次数及换水深度一般由水利及河湖管理部门确定。

按照北京市总体规划，2001～2010年市区河道每年换水6～8次，每次换水深度1m；补充水体蒸发和渗透损失按每日2cm计。根据上述数据，结合河湖面积，可得到水体补水水量，即需要的再生水量。

4.2.4 农业用水

灌溉作物可分为三类：水作类（如水稻）、旱作类（如小麦、玉米、棉花等）、蔬菜类（如大白菜、韭菜、洋葱、卷心菜等）。

水作类再生需水量按12000m³/(hm²·a)或800m³/(亩·a)计算；旱作类再生需水量按4500m³/(hm²·a)或300m³/(亩·a)计算；蔬菜类再生需水量按3000～7500m³/(hm²·a)200～500m³/(亩·a)计算。

在确定农业再生需水量时，应注意农业用水的季节性变化、作物种类的差异和不同生长期用水量的差异。应对再生水使用区域的农业逐年用水量进行详细调查，综合考虑其用水标准，经科学分析后确定。

4.2.5 工业用水

再生水用于工业主要有四个方面：冷却水、空调用水、工艺用水和锅炉补水等。

工业冷却水用量大，需求稳定，不受时间、季节变化的影响。在各类冷却用水中，火力发电、冶金、化工等行业的冷却用水量所占比例很大，火力发电冷却水可占总用水量的95%以上。

空调用水（也称空调冷却用水）可分为两种形式：直接喷淋和间接冷却。直接喷淋设备简单，投资较低，需水量较大；间接冷却设备投资较大，运行管理费用较高，但需水量较小。

在不同情况下，工艺用水和锅炉补水用水量有较大的差异。

确定再生水用于工业的需水量时,应调查分析工厂用水性质和用水量,考虑到工厂万元产值耗水量增减趋势、产值增长率、用水结构及产业结构变化等因素。

4.3 设计规模的确定

合理地确定设计规模十分重要:规模过大会造成经济浪费;规模过小,不能满足用户用水需求。

为确定污水再生利用工程规模,应在对不同户的调查研究基础上,计算再生水需水量,并考虑到工程的近期和远期规模。

不同再生水用户的用水特点不同,呈现不同的季节变化和日变化。确定工日变化系数时,需综合各种情况,如工业用水的班次、绿化、冲洗道路、冲厕用水的集中性、清水池的容积等。

根据经验,当用户为绿化、冲洗道路、冲厕和工业时,设计清水池容积应较大,日变化总系数应取较大值1.3~1.5。当景观环境用水和农业用水所占比例较大时,日变化系数应取较小值。当景观环境用水和农业用水占再生水总量的比例在30%~50%时,日变化系数取1.2~1.3;当景观环境用水和农业用水超过再生水总量的50%时,日变化总系数取1.1~1.2。

5 污水再生利用技术

5.1 概述

在污水再生利用工程中,单元技术一般很难保证出水达到再生水水质要求,常需要多种水处理技术的合理组合。

目前,人们普遍采用常规处理工艺,即混凝、沉淀或澄清、过滤和加氯消毒。该工艺能够有效地去除二级处理出水中的悬浮物、胶体杂质和细菌,使再生水拥有广泛的适用范围,具有较好的经济价值。但是该工艺有一定的局限性,它不能有效地去除色度、浊度、臭味和溶解性有机物,且其氯化过程会导致有机卤化物的形成。

许多新技术被应用到污水再生利用工程中。以膜技术为主的组合工艺:二级处理出水→混凝→沉淀→膜分离→消毒,应用较广的膜技术有微滤膜(MF)、超滤膜(UF)、纳滤膜(NF)、反渗透膜(RO)和电渗析等;以活性炭技术为主的组合工艺:二级处理出水→活性炭吸附或氧化铁微粒过滤→超滤或微滤→消毒；氨吹脱和臭氧氧化等技术被用来满足对再生水水质的特殊要求。

5.2 处理工艺的选择

城市污水回用工程再生水厂应根据回用对象的用水水质标准，对不同工艺流程进行经济技术比较后确定最佳的工艺流程。在选择再生水处理工艺单元和流程时应主要考虑以下几方面因素：

(1) 回用对象对再生水水质的要求；
(2) 单元工艺可行性与整体流程的适应性；
(3) 工艺的安全可靠性；
(4) 工程投资与运行成本；
(5) 运行管理方便程度。

5.3 单元技术

5.3.1 主要单元技术

污水再生利用主要单元技术见表 5-1，各单元技术的处理效果见表 5-2。目前再生水厂设计中常用的工艺将在本章中分别列表说明，关于各单元技术运行管理的要求将在第 7 章中论述。

污水再生利用主要单元技术　　　　　表 5-1

去除有机物等的生物处理法	去除悬浮性物质的物理化学处理法	去除溶解性物质的物理化学处理法	消　毒
1. 生物接触氧化； 2. 曝气生物过滤	1. 快滤； 2. 混凝沉淀； 3. 混凝过滤	1. 活性炭吸附； 2. 臭氧氧化； 3. 微滤、超滤、纳滤、反渗透	1. 氯消毒（液氯）； 2. 二氧化氯； 3. 臭氧消毒； 4. 紫外线消毒

污水再生利用单元技术的处理效果　　　　　表 5-2

处理技术单元 水质项目	生物处理法			物理化学处理法							消毒		
	生物接触氧化	曝气生物过滤	流化床式硝化	快滤	混凝沉淀	混凝过滤	活性炭吸附	微滤	超滤	反渗透	臭氧氧化	氯消毒	臭氧消毒	紫外线消毒
大肠菌群数		B			C	C	C	A	A	A	A	A	A	A
BOD	B	B		C	C	C	B			A	A			
pH			D		D	D								
浊　度		B		B			B	A	A	A	B			
臭　气		C					B	C	B	A			C	
色　度		C			C	C		C	B	A	A		C	
引起发泡物质		C							B	C			C	
无机碳	C	C	C					C	A					
溶解氧										B				
氨　氮	B	B	A							B				
余　氯													—	—

注："A"表示去除率约在 90% 以上；
　　"B"表示去除率约在 50% 以上；
　　"C"表示去除率约在 20%～50% 以上；
　　"D"表示调节 pH；
　　"—"表示没有余氯问题。

5.3.2 生物接触氧化法(见表5-3)

生物接触氧化法　　　　　　　　　表5-3

处理对象	BOD、氨氮
工艺流程	二级处理出水 → 接触氧化池 ← 空气
工艺描述	该工艺是好氧生物膜法的一种。在接触氧化池中，已充氧的原水浸没全部填料并以一定的速度流经填料而在表层形成生物膜，栖息在生物膜上的微生物群体对水中的污染物进行吸附和氧化，从而达到去除污染物的目的。此方法又称"淹没式生物过滤"或"接触曝气法"。 　　与活性污泥法相比，其主要特点是：(1)使用范围广；(2)处理系统的可靠性和稳定性高；(3)动力消耗低；(4)可间断运行；(5)更换填料时工作量大。使用该工艺可去除二级处理出水中剩余的有机物和氨氮。其主要设计参数：填料有机负荷 [$kgBOD/(m^3$ 填料·d)]、供气量(m^3)（降解1kgBOD时应提供的空气量）。 　　生物接触氧化法的装置是由氧化池、填料及支架、供气装置、布水集水装置以及排泥和放空装置等主要部件组成。 　　填料和充氧方式是接触氧化法的重要组成部分，合理的选择填料和充氧方式对生物膜充分发挥生物降解作用、维持生物池的正常运行有很大关系
工艺描述	常用的填料有蜂窝填料、纤维填料、弹性立体填料和颗粒填料，目前较多采用比表面积大、开孔孔隙率高的陶粒滤料。 　　常用的曝气方式有穿孔管曝气和微孔曝气器。穿孔管曝气效率较低，但由于大中型气泡对水体搅动剧烈，因此有利于生物膜的更新与维持较高活性；微孔曝气器虽然充氧效率高，可选择较小的气水比，但对水体搅动产生的紊流有限，不利于生物膜的脱落更新

续表

工艺描述	由于生物膜上微生物的老化死亡，生物膜会从填料表面脱落，因此多在后段组合中采用砂过滤去除浊度成分。与臭氧氧化、活性炭吸附等其他处理单元组合时，该工艺与砂滤相比，可减轻臭氧和活性炭处理单元的有机物负荷
运行管理	提供充足的氧气是保证接触氧化池正常工作的必要条件。该工艺一般采用气水联合反冲的方式，冲洗强度不高，但应使填料表面老化的微生物膜在反冲时被去除

5.3.3 混凝沉淀法(见表5-4)

混凝沉淀法 表5-4

处理对象	浊度、BOD、色度、大肠菌群数
工艺流程	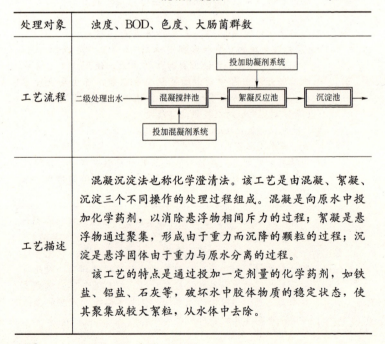
工艺描述	混凝沉淀法也称化学澄清法。该工艺是由混凝、絮凝、沉淀三个不同操作的处理过程组成。混凝是向原水中投加化学药剂，以消除悬浮物相间斥力的过程；絮凝是悬浮物通过聚集，形成由于重力而沉降的颗粒的过程；沉淀是悬浮固体由于重力与原水分离的过程。 该工艺的特点是通过投加一定剂量的化学药剂，如铁盐、铝盐、石灰等，破坏水中胶体物质的稳定状态，使其聚集成较大絮粒，从水体中去除。

续表

工艺描述	混凝设施有：(1)管式混合，其中管道静态混合器应用较多；(2)机械搅拌混合池，一般停留时间10～60s；(3)水泵混合，利用水泵叶轮产生的涡流达到混合，药剂应投加在水泵的吸水管中。 絮凝设施有：隔板絮凝池、折板絮凝池、机械絮凝池、栅条絮凝池、穿孔漩流絮凝池、波形板絮凝池等。絮凝池设计中最普遍的控制指标是水流流速、絮凝时间和速度梯度。隔板絮凝池絮凝时间一般为20～30min，起端流速0.5～0.6m/s，末端流速0.2～0.3m/s。机械絮凝池絮凝时间一般为15～20min，搅拌机线速度通过计算确定。折板絮凝池絮凝时间一般为6～15min，三段流速分别为：0.25～0.35m/s、0.15～0.25m/s、0.10～0.15m/s。穿孔漩流絮凝池絮凝时间一般为15～25min，起端流速0.6～1.0m/s，末端流速0.2～0.3m/s。 沉淀设施有：竖流沉淀池、辐流沉淀池、平流沉淀池、斜板(管)沉淀池。 采用该处理方法产生的污泥，其浓缩和脱水性稍差。 与给水混凝处理有所不同，其处理对象为污水处理厂二级出水，由于出水中生物微粒的存在，絮凝过程可在较短时间内完成。 在处理对象为污水处理厂二级出水这样的低浊度水时，该工艺已更多的被微絮凝-过滤法所取代
运行管理	该工艺中，加药量(混凝剂、助凝剂)的设定、pH调整和絮块的沉降状况等是管理中的重要因素。 当进水水量和水质变化时，有时需回流一部分污泥

注：处理对象中BOD、色度和大肠菌群数的去除率约为20%～50%。

5.3.4 石灰混凝再碳酸化(BS)法(见表5-5)

石灰混凝再碳酸化(BS)法　　　表5-5

处理对象	磷酸盐,钙,镁,氟化物,某些重金属,色度,细菌和病毒
工艺流程	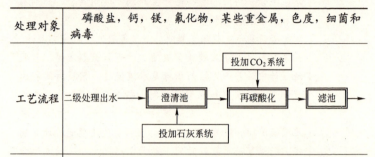
工艺描述	该工艺属混凝沉淀法。将作为混凝剂的石灰乳调好后送到快速搅拌池中,用立式机械搅拌器搅拌 0.5~1min,然后进入絮凝池,用空气搅拌 4.5~5min,再进入沉淀池沉淀。该工艺也可用机械搅拌澄清池代替,将调好的石灰乳与二沉池出水混合进入澄清池第一反应室进行接触反应,然后经叶轮提升至第二反应室继续反应,最后通过导流室进入分离室进行沉淀分离。 　　用石灰作为混凝剂,可以使溶解性磷酸盐降至1mg/L以下,还能去除某些重金属和钙、镁、硅石及氟化物等物质,对去除细菌和病毒也特别有效。 　　在原水中投加足够的石灰,会使pH值增高,并使重碳酸盐和碳酸盐转化为氢氧化物,目的是混凝不能沉淀的物质和除磷。这一过程完成后,需在原水中投加 CO_2 ,使 pH 值下降,使氢氧化物再转化为重碳酸盐和碳酸盐,即再碳酸化过程。再碳酸化分为单阶段和二阶段,单阶段再碳酸化是一次投加足够的 CO_2 ,使原水的pH值由11降至7,钙很少沉淀,大量的钙存留增加了出水中的钙硬度,并损失了大量的碳酸钙。二阶段碳酸化是先使pH值由11降至9.3,原水中形成了重而沉降快的碳酸钙凝絮,可回收利用。碳酸化的第二阶段是将pH值由9.3降至7,使水质稳定,避免管道结垢。如果想回收石灰,或减少出水中的钙时,应采用二级再碳酸化。

续表

工艺描述	石灰处理污水常在pH值高于9.6时处理效果较好,如用石灰除磷,往往将pH值提高到11,石灰处理污水的投加量约在200~500mg/L左右。 采用该处理方法产生的出水效果感观非常好,但工艺复杂。 采用该处理方法产生的污泥,其浓缩、脱水性稍差。宜采用板框压滤机
运行管理	该工艺中,石灰投加量的设定、pH的调整和絮块的沉降状况等是运行管理中的重要因素

5.3.5 曝气生物过滤法(见表5-6)

曝气生物过滤法 表5-6

处理对象	BOD、浊度、氨氮、大肠菌群数、无机碳、引起发泡物质、臭气、色度
工艺流程	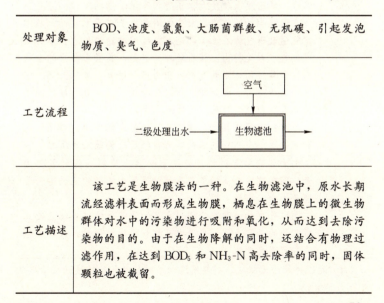
工艺描述	该工艺是生物膜法的一种。在生物滤池中,原水长期流经滤料表面而形成生物膜,栖息在生物膜上的微生物群体对水中的污染物进行吸附和氧化,从而达到去除污染物的目的。由于在生物降解的同时,还结合有物理过滤作用,在达到BOD_5和NH_3-N高去除率的同时,固体颗粒也被截留。

续表

工艺描述	该工艺的主要特点：(1)占地较小，是常规处理工艺的 $1/5\sim1/10$；(2)处理效果好，用于回用水处理，其处理出水 BOD_5、SS、NH_3-N 分别可达到 10mg/L、10mg/L、1mg/L；(3)处理效果稳定。使用该工艺可处理二级处理出水中的有机物、氨氮和无机悬浮物等。其主要设计参数是污染物容积负荷：以去除 BOD_5 为目标时，容积负荷一般为 3kg $BOD_5/(m^3 \cdot d)$，BOD_5 的去除率可达 95%；以去除氨氮为目标时，TKN 容积负荷一般为 0.63kgTKN/$(m^3 \cdot d)$，NH_3-N 的去除率可达 90% 以上。 曝气生物过滤法的装置是由滤池、滤料、支撑层、供气装置、反冲进气装置、反冲进水装置、排泥系统等主要部件组成。 填料有三种：比水重的粒状填料、比水轻的粒状填料和结构型填料。前两种填料可用天然材料或合成材料，粒径在 $2\sim8mm$ 之间。理想的粒状填料具有高比表面积、高孔隙率、低密度、硬度大、抗磨损和化学惰性。 在曝气生物滤池中，微生物附着生长在滤料表面，压缩空气通过曝气栅在池下部进入，经过过滤的处理出水，从底部集水系统排出。随着处理的进行，滤层中积累的生物固体和悬浮固体不断增加，阻力不断增大，液位升高，需进行反冲洗，一般为气水同时反冲洗，以排除增殖的活性污泥和截留的悬浮物。反冲洗周期应为 $1\sim5d$。 与单独过滤法相比，该工艺不仅具有物理过滤作用，还有生物降解有机物的作用，可减轻后续构筑物的压力
运行管理	水力负荷和有机物负荷是影响滤池降解功能的首要因素，因此确定适当的负荷条件对曝气生物过滤池的运行管理是十分必要的。 向曝气生物过滤池内提供充足的氧气是保证生物滤池正常工作的必要条件。当进水有机物浓度较低时，较小的供氧即可满足要求

注：处理对象为无机碳、引起发泡物质时，臭气和色度的去除率约为 20%～50%。

5.3.6 快滤法(见表5-7)

快滤法　　　　　　　　　　　　　表 5-7

处理对象	悬浮物、浊度、BOD、COD、细菌、病毒
工艺流程	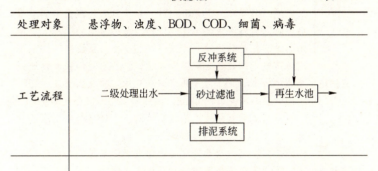
工艺描述	该工艺是一种简单而又实用的处理方法。它是使水通过粒状滤料滤床以分离水中悬浮和胶体杂质的一种物理化学过程，其主要目的是去除水中呈分散悬浮状的无机物和有机物，也包括各种浮游生物、细菌、飘浮油和乳化油等。 按机理不同，滤池可分为慢速过滤、快速过滤及高速过滤三种。慢速过滤滤速低于 0.4m/h，它利用在砂层表面自然形成的滤膜去除水中杂质；快速过滤的特点是使水在大于 4.8～20m/h 的滤速的条件下通过砂或其他颗粒滤料层，在滤层内部去除水中悬浮杂质，又称深层过滤；高速过滤滤速大于 20m/h。 快滤池由滤料层、承托层、配水系统、集水渠和反冲洗系统等组成。 滤料的种类、性质、形状和级配是决定滤层截留杂质能力的重要因素。选用具有足够机械强度、化学稳定性好、对人体无害的分散颗粒材料作为滤料，如：石英砂、无烟煤粒、矿石粒以及人工生产的陶粒、瓷粒、纤维球、塑料颗粒、聚苯乙烯泡沫珠等。目前最广泛用于快滤池的滤料是石英砂和无烟煤。

续表

工艺描述	快滤池的运行主要是过滤和冲洗两个过程的交替循环。当水流阻力增大、出水水质接近超标时,进行反冲洗。一般滤池工作周期应大于8～12h。用于二级处理出水的单层砂滤池滤料粒径通常为1～2mm,滤层厚度约1～3m。常用的单层滤料的滤速一般是8～12m/h。应校核1～2个滤池停产时,工作滤池的强制流速,单层滤料的强制滤速一般为10～14m/h。可采用水单独反冲,冲洗强度13～16L/($m^2 \cdot s$)、冲洗时间6min,亦可采用气水联合反冲。 在应用臭氧氧化法、活性炭吸附法、膜分离和反渗透法时,本工艺多作为预处理。 该工艺亦可与消毒处理单元组成一简单的回用水处理流程,其回用水应用范围较广,但主要针对水质要求不高的回用水
运行管理	本工艺运行经验丰富,运行管理问题少。运行管理主要是反冲时间及其频度的设定

注:处理对象中BOD、COD、细菌和病毒的去除率约为20%～50%。

5.3.7 微絮凝-过滤法(见表5-8)

微絮凝-过滤法　　　　表5-8

处理对象	浊度、BOD、色度、大肠菌群数
工艺流程	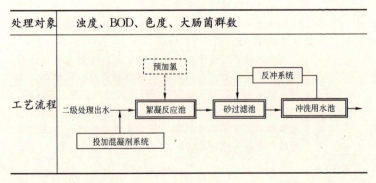

续表

工艺描述	该工艺与混凝-沉淀-过滤的传统处理工艺相比，其特点是二级处理出水与混凝剂在絮凝反应池内快速混合后直接进入砂滤池，省略了搅拌池和沉淀池，使絮凝反应部分在反应池内进行，部分移至滤池中进行，然后经砂过滤去除浊度、色度和磷等。 该工艺较适用于城市污水处理厂二级出水悬浮物较低的情况；当二级出水水质较差时，混凝剂的投加率将上升，因而需增加砂滤池的反冲频率。 滤池采用均质滤料，滤料粒径在 1.2～1.8mm，滤速高达 20～30m/h，滤床深度可达 3m。 传统铝盐、铁盐仍是微絮凝-过滤工艺主要采用的絮凝剂。其中，聚合氯化铁仍是较常使用的絮凝剂，同时采用阳离子型和非离子型有机高分子絮凝剂作为助凝剂。 由于过滤运行过程中所需的最佳化学条件与絮凝反应池中的最佳化学条件是一致的，因此，过滤操作单元中絮凝剂投加量可以通过烧杯实验来确定。根据工程设计的实际情况，必要时可在絮凝反应池入口处预加氯。 该工艺亦可与消毒处理单元组成回用水处理流程，其出水水质较好，应用范围广泛。对于有特殊要求的回用水，该工艺由于设计简单、节约占地、投资和运行费用少等特点而常作为其他处理工艺的预处理单元
运行管理	此方法运行管理的要点在于絮凝剂投加率的设定、絮凝体的形成、砂滤池的反冲等方面

注：处理对象中 BOD、色度和大肠菌群数的去除率约为 20%～50%。

5.3.8 活性砂过滤器及活性砂除氮过滤器(见表5-9)

活性砂过滤器及活性砂除氮过滤器　　　表5-9

处理对象	悬浮物，磷，氮，色度，细菌和病毒
工艺流程	二级处理出水 ──→ 活性砂过滤器 ──→
工艺描述	活性砂过滤器是基于逆流原理而工作的。需处理的水从位于设备底部的进水分配管进入系统，水向上流经砂床时被清洗，含有处理杂质的活性砂从设备的锥形底部通过空气提升泵被运送到顶部的清洗器，通过紊流作用使脏颗粒从活性砂中分离出来，杂质通过清洗水出口排出，净砂利用自重返回砂床。 与传统的过滤器比较，活性砂过滤器设备有以下特点：(1)系统便于安装，结构紧凑；(2)不需要单独的冲洗时间，系统处于24h稳定运行状态；(3)冲洗水就是过滤器出水，不需要额外的冲洗水泵，也不需电动阀门；(4)连续的反冲洗系统在罐体内形成了稳定的好氧、厌氧段，使得污水中的氨氮得到进一步的处理；(5)投加铁盐或铝盐，可以进一步降低处理水中磷污染物的含量；(6)滤料更加耐磨损，降低了损耗；(7)不锈钢材质的设备，维修工作量小。 过滤器除氮原理：活性砂床作为微生物的载体在滤料表面形成一层微生物活性层，水中的亚硝酸盐和硝酸盐被微生物分解转化为氮气，通过空气提升泵，氮气从过滤器中释放。 活性砂过滤器脱氮与普通活性污泥法相比较，有两点优势：一是处理量大，在活性污泥法中，理想的氮的去除率大约是 $0.6 kg/(m^3 \cdot d)$，活性砂过滤器中氮的去除率达 $1.5 kg/(m^3 \cdot d)$ 以上；二是活性砂过滤器非常紧凑，可以节省空间。 采用此工艺，设备价格较贵。该工艺在国内尚没有应用实例，采用时应进行必要的试验和充分论证

续表

运行管理	该工艺中,在除氮阶段,必须加入用以维持反应的外在碳源,比如:甲醇、乙醇、醋酸和醋酸钠等工业原始物质,耗碳量(g碳源/g硝酸盐含氮量)应根据实验确定

5.3.9 超高速过滤器(见表5-10)

超高速过滤器　　　　表5-10

处理对象	悬浮物,有机物、磷、重金属、细菌和病毒等
工艺流程	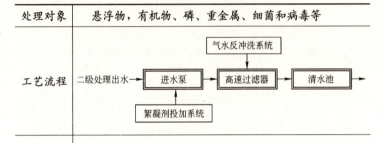
工艺描述	此过滤器属砂过滤法中的超高速过滤,滤速高达40~100m/h。该过滤器特点是适应性广,进水悬浮物浓度在10~100mg/L均可实现高速过滤。 工艺流程为,原水和加药系统的混凝剂(微絮凝)由水泵进口同时吸入,再由泵的出口经阀门直接送入过滤器的顶部,经过滤器内布水器分散到滤床上进行过滤。初滤水经阀门回到原水池,重新处理。初滤水及时进行检验,待水质合格后,可将清水池注满,以备反冲洗时使用。然后,切换阀门,将合格水送出。直到出水水质不合格或过滤压力升高至最大工作压力(0.3MPa)为止,即是一个周期,然后进行反冲洗再生,反冲结束,过滤再重新运行。反冲洗时,清水由泵吸入,送至过滤器的底部,对滤床进行松动约1min(或用风直接松动)后停止进水改进风,气冲3~5min,再气、水同时反冲8~10min,最后水洗3~5min,反洗结束。反洗时,空气、污水穿过布水器滤网孔由原水进水口排出。

续表

工艺描述	该过滤器采用的是"国家863计划"研究成果——彗星式纤维过滤材料。这是一种创新过滤材料,最显著的特征是其不对称结构和分形结构。它具有纤维滤料过滤精度高和截污量大的优点,同时也具有颗粒滤料反冲洗洗净度高和耗水量少的优点。这种滤料可实现过滤周期内滤速变化幅度达100%~400%的变速过滤。该滤料的平均寿命为10年。 该过滤器过滤精度≥2μm,过滤速度40~100m/h,剩余积泥率<2%;滤床纳污量15~50kg/m³。体积仅为普通砂滤器的1/10~1/6,反冲洗耗水量为普通砂滤器的1/3~1/2,过滤速度为普通砂滤器的5~10倍
运行管理	下列条件下不得使用该过滤器:(1)连续使用温度超过100℃;(2)进水中强酸强碱浓度高;(3)进水中有机溶剂浓度高

5.3.10 活性炭吸附法(见表5-11)

活性炭吸附法　　　　　表5-11

处理对象	BOD、浊度、臭气、色度、引起发泡物质、大肠菌群数
工艺流程	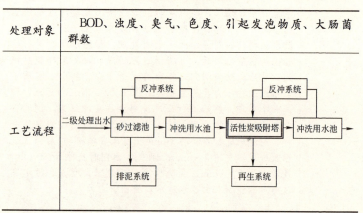

续表

工艺描述	该工艺的特点是利用活性炭自身丰富的细孔结构和巨大的比表面积，通过物理、化学的吸附作用去除二级处理出水中经常规混凝、沉淀、过滤仍不能去除的残余的难降解的有机污染物，其不仅能有效的去除BOD、COD，还可去除色度、臭气和某些无机物(包括部分重金属)等。 在各种改善水质处理效果的处理技术当中，活性炭吸附是去除常规处理工艺难以去除的水中有机污染物最成熟有效的方法之一。 活性炭吸附池可采用普通快滤池、虹吸滤池、双阀滤池等形式。 根据回用水水质标准及活性炭再生频率不同，活性炭吸附法常用的水力负荷 $5 \sim 25 m^3/(m^2 \cdot h)$、接触时间 $10 \sim 35 min$、反冲洗滤速 $36 \sim 50 m^3/(m^2 \cdot h)$、反冲时间 $10 \sim 15 min$。COD负荷 $0.3 \sim 0.8 kgCOD/kg$ 炭。炭层厚度一般 $3 \sim 12m$ 之间，最好不小于 $3m$。 活性炭处理工艺应根据水质情况，进行不同滤速的活性炭柱净水试验，以达到技术经济的最优化。 活性炭吸附法常与其他处理方法联用，例如砂滤-活性炭法、臭氧-活性炭法、混凝-活性炭法、Habberer工艺、活性炭-硅藻土法等。活性炭吸附法与其他处理方法联用，不仅使活性炭的吸附周期明显延长、用量减少，还可使处理效果和范围大幅提高
运行管理	此种方法不需要复杂的运行管理。但需要有活性炭的再生单元。活性炭的再生周期可从浊度、色度等去除能力是否降低来判断

注：处理对象中大肠菌群去除率约为 $20\% \sim 50\%$。

5.3.11 微滤法(见表 5-12)

微滤法(MF)　　　　　　　　　　　　　表 5-12

处理对象	浊度、大肠菌群数、BOD、臭气、色度
工艺流程	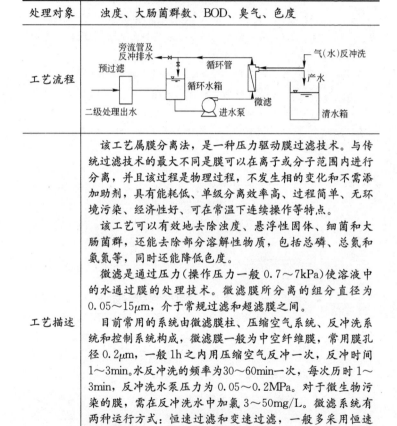
工艺描述	该工艺属膜分离法，是一种压力驱动膜过滤技术。与传统过滤技术的最大不同是膜可以在离子或分子范围内进行分离，并且该过程是物理过程，不发生相的变化和不需添加助剂，具有能耗低、单级分离效率高、过程简单、无环境污染、经济性好、可在常温下连续操作等特点。 该工艺可以有效地去除浊度、悬浮性固体、细菌和大肠菌群，还能去除部分溶解性物质，包括总磷、总氮和氨氮等，同时还能降低色度。 微滤是通过压力(操作压力一般 0.7~7kPa)使溶液中的水通过膜的处理技术。微滤膜所分离的组分直径为 0.05~15μm，介于常规过滤和超滤膜之间。 目前常用的系统由微滤膜柱、压缩空气系统、反冲洗系统和控制系统构成，微滤膜一般为中空纤维膜，常用膜孔径 0.2μm，一般 1h 之内用压缩空气反冲一次，反冲时间 1~3min。水反冲洗的频率为 30~60min 一次，每次历时 1~3min，反冲洗水泵压力为 0.05~0.2MPa。对于微生物污染的膜，需在反冲洗水中加氯 3~50mg/L。微滤系统有两种运行方式：恒速过滤和变速过滤，一般多采用恒速过滤方式。 微滤膜一般是由合成高分子材料制成的，其孔径比较均匀，过滤精度高、孔隙率高、滤速快、阻力小，滤膜的厚度一般为 0.1~0.15mm，吸附容量小，过滤过程中无介质脱落，但膜易被堵塞。

续表

工艺描述	膜组件形式包括卷式、管式、中空毛细管纤维、中空细纤维、圆盘式与盒式。对于大规模的再生水处理,多采用管式和中空纤维膜。 目前,微过滤法已广泛应用于城市污水处理回用中,它不仅可以与消毒单元组成完整的处理流程,亦可作为反渗透单元的前置处理单元
运行管理	该工艺的运行管理因膜的组件形式不同而有所不同,共同点是去除膜的污染,即在运行过程中,用压缩空气或水进行反冲,并作定期的化学清洗以恢复通水量

5.3.12 超滤法(见表5-13)

超滤法(UF)　　　　　表5-13

处理对象	浊度、大肠菌群数、BOD、臭气、色度
工艺流程	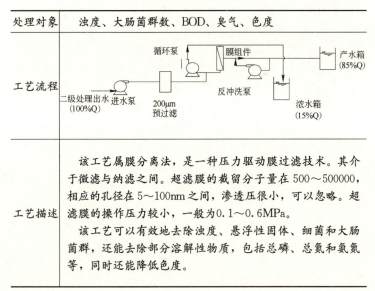
工艺描述	该工艺属膜分离法,是一种压力驱动膜过滤技术。其介于微滤与纳滤之间。超滤膜的截留分子量在500~500000,相应的孔径在5~100nm之间,渗透压很小,可以忽略。超滤膜的操作压力较小,一般为0.1~0.6MPa。 该工艺可以有效地去除浊度、悬浮性固体、细菌和大肠菌群,还能去除部分溶解性物质,包括总磷、总氮和氨氮等,同时还能降低色度。

续表

工艺描述	目前常用超滤法采用中空纤维系统，由膜组件、循环泵系统、反冲洗系统和控制系统构成。对于处理回用水一般采用二级系统，对污染膜需进行反冲洗。其中第一级的反冲洗水可通过第二级膜回收，两级的回收率分别为85%和13%。一般商业化中空纤维膜纤维内径为0.5～1.5mm。反冲洗用水为膜透过水，反冲洗水泵压力为0.03～0.35MPa，冲洗历时小于1min。对于微生物污染的膜，需在反冲洗水中加氯3～50mg/L，反冲洗45s可减缓膜的污染。 　　超滤系统有两种运行方式：直流式适用于轻度污染的原水，错流式能获得稳定的过滤速度。 　　超滤膜一般是由有机聚合物和无机材料制成的，无机膜主要为陶瓷膜。与有机膜相比，无机膜特点为管理费用低、耐pH值范围广、耐高温、水通量高、压力最高可达2MPa、孔径比较均匀、抗污染能力强等。 　　有机膜组件通常有板式、卷式、管式、中空纤维式四种，无机膜只有管式已形成商品化，板式膜片只在实验室使用。 　　目前，超滤法已广泛应用于城市污水处理回用中，它不仅可以与消毒单元组成完整的处理流程，亦可作为反渗透、纳滤单元的前置处理单元
运行管理	该工艺的运行管理因膜的组件形式不同而有所不同，共同点是去除膜的污染，即在运行过程中，用水进行反冲，并作定期的化学清洗以恢复通水量

5.3.13 反渗透法和纳滤法(见表5-14)

反渗透法(RO)和纳滤法(NF)　　　表5-14

处理对象	BOD、浊度、色度、臭气、氨态氮、大肠菌群数、无机碳、引起发泡物质
工艺流程	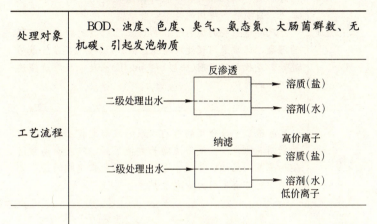
工艺描述	反渗透和纳滤工艺是膜分离法的一种,是通过压力(1~10MPa)使溶液中的水通过反渗透膜达到分离、提取、纯化和浓缩等目的的处理技术。目前膜工业把反渗透过程分成三类:高压反渗透(5.6~10.5MPa,海水淡化)、低压反渗透(1.4~4.2MPa,苦咸水的脱盐)、纳滤(0.3~1.4MPa,部分脱盐、软化)。 　　此类工艺主要以除去水中盐类和离子状态的物质为目标,另外还可以去除有机物质、胶体、细菌和病毒。高压与低压反渗透膜具有脱盐率高的特点,对NaCl的去除率达95%~99.9%,水的回收率75%左右,BOD、COD去除率在85%以上。 　　纳滤膜分为两类:传统软化纳滤膜和高产水量荷电纳滤膜,前者能去除90%以上的TOC,截留物分子量在200~300之间;后者是专门去除有机物而非软化(对无机物去除率只有5%~50%)的纳滤膜。

续表

工艺描述	由于城市污水处理厂二级出水含有大量的微细颗粒和悬浮物质,因此管式和中空纤维膜较适用于再生水处理工艺,目前较多使用的是中空纤维膜。 在反渗透系统的运行中,为防止已结晶的碳酸钙对膜的污染,通常采用预处理措施,例如混凝沉淀-过滤或砂滤等,或投加阻垢剂(一般1~3mg/L)来延长反渗透膜连续工作的时间
运行管理	反渗透法中被分离的溶质以浓缩液形式排出,其处理须采用其他方法。反渗透膜长期使用后,膜表面易被污染物覆盖而结垢,使通水量下降,因此需定期清洗。不同膜材料可有不同的清洗方法

5.3.14 氯消毒(见表5-15)

氯 消 毒　　　　　表5-15

处理对象	大肠菌群数、细菌
工艺流程	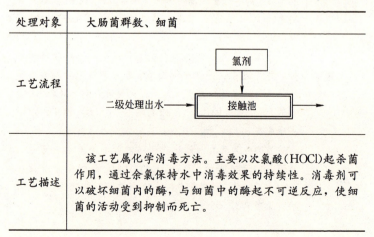
工艺描述	该工艺属化学消毒方法。主要以次氯酸(HOCl)起杀菌作用,通过余氯保持水中消毒效果的持续性。消毒剂可以破坏细菌内的酶,与细菌中的酶起不可逆反应,使细菌的活动受到抑制而死亡。

续表

工艺描述	氯气是传统的水处理消毒剂,其具有成熟的运行管理经验且价格便宜,但氯气消毒时会形成致癌的卤代烃(THMs)或与酚类形成有刺激性气味的氯酚等。对水处理常用的四种消毒剂(氯、二氧化氯、臭氧、氯胺)而言,从消毒能力看,臭氧＞二氧化氯＞氯＞氯胺;从稳定性看,氯胺＞二氧化氯＞氯＞臭氧,因此建议使用二氧化氯代替氯气进行消毒。 由于二氧化氯不会与氨反应,因此在高pH值的含氨系统中可发挥极好的杀菌作用;亦可采用NaOCl进行消毒,其具有与氯及其衍生物相同的氧化和消毒作用,但效果不如氯。 接触池的水力性能应使消毒剂与水快速而充分混合,长宽比宜大于25,以及在保证出水余氯(0.2mg/L)的投氯量之下,停留时间应不少30min
运行管理	消毒效果通过再生水中的余氯进行管理。 二氧化氯的气体和液体极不稳定,一般需现场临时制备。但将二氧化氯吸收在含特定稳定剂(如碳酸钠、硼酸钠及过氧化物)的水溶液中,可制成浓度为2‰～5‰ ClO_2 溶液,该溶液可长期贮存而无爆炸的危险

5.3.15 臭氧氧化法和臭氧消毒(见表5-16)

臭氧氧化法和臭氧消毒　　　　表5-16

处理对象	大肠菌群数、病毒、臭气、色度、引起发泡物质、BOD、COD
工艺流程	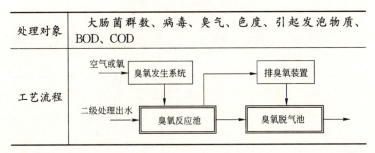

续表

工艺描述	臭氧氧化法依靠臭氧的强氧化能力，通过破坏有机污染物的分子结构，达到去除污染物的目的。同时亦可有消毒以及去除水中铁、锰、色度和臭气等效果。 由于臭氧对DDT、氯丹和三氯甲烷等的去除几乎是无效的，反而还会导致水中可生物降解物质的增多，并容易引起细菌的繁殖。因此，臭氧氧化单元很少在水处理工艺中单独使用，通常与常规工艺或活性炭吸附结合使用。 在水处理工艺中，常采用先臭氧氧化再活性炭吸附的工艺流程，臭氧氧化可使水中大分子有机物转化为易于被活性炭吸附的小分子，提高了活性炭的去除效果，得到较好的出水水质。 臭氧消毒是依靠臭氧的强氧化能力，通过破坏细菌、病毒和芽孢等的分子结构以达到消毒的目的。 臭氧投加量和接触时间与出水要求相关，用于消毒时，投加量约$1\sim3mgO_3/L$，接触时间依接触装置额而异；除嗅和味时，投加量约$1\sim2.5mgO_3/L$，接触时间$>1min$。 臭氧发生器必须使用经净化和干燥处理过的空气，条件允许时宜采用富氧空气或纯氧为原料。 因臭氧消毒没有余氯作用，须采取措施，防止配水管网的二次污染
运行管理	系统设备和管材须进行防腐处理。臭氧属于剧毒气体，需对尾气中剩余的臭氧进行回收并采取防毒等安全措施

注：处理对象中引起发泡物质的去除率约为20%～50%。

5.3.16 紫外线消毒(见表5-17)

紫外线消毒　　　　　　　表5-17

处理对象	大肠菌群数、病毒、寄生虫、水藻等
工艺流程	二级处理出水 → 紫外线消毒装置 →
工艺描述	该工艺属光化学消毒。与氯消毒相比其特点为：具有广谱杀菌性，不产生任何消毒副产物，无二次污染，无令人不爽的味道和气味，消毒接触时间短，占地面积小。 它是利用中心辐射波长约260nm的紫外线使水中各种细菌、病毒、寄生虫、水藻和其他病原体的重要组成部分(核糖核酸)的结构被破坏(链断裂或光化学反应)，在不使用任何化学药物的情况下杀灭水中的细菌、病毒以及其他致病体而达到消毒和净化的目的。 消毒效果因紫外线的透过距离不同而有所不同，因此必须配置适当的灯管。同时，为提高效果，需尽可能地去除水中的色度、浊度和含铁量。 通常采用低压水银灯，有时亦用中压灯管。对于连续使用的低压管，其寿命约为1000h，紫外线光照时间约为10~100s即可起杀菌作用而无需反应池。 紫外线消毒有两种方式：浸水式和水面式。浸水式消毒效果好，但设备构造复杂；水面式构造简单，但消毒效果较差。 因紫外线消毒没有余氯作用，需采取措施，防止配水管网的二次污染
运行管理	消毒效果用紫外线辐射剂量来管理。设备的管理以去除灯表面附着的水垢为主。 消毒器可并联或串联工作，但应能单独进行检修维护。 消毒器进水宜经过过滤，以提高杀毒效果。 由于测定紫外线强度较困难，一般均以使用时间来更换灯管

5.4 污水再生利用主要组合工艺

各种污水再生利用单元技术去除的污染物是不同的,在污水再生利用工程中仅使用单元技术很难满足用户对水质的要求,必须针对不同的目的利用不同的组合工艺进行处理。目前再生水较多用于工业冷却用水、城市杂用水、景观环境水体和农田灌溉等,本节根据国内外技术发展现况和国内污水再生利用工程经验,针对主要的再生水使用对象,推荐主要的组合工艺,以供工程设计者参考。

再生水厂的规模原则上应小于污水处理厂的最小日处理量,否则必须设调节池,调节池的容积以保证再生水厂连续运转为原则。再生水厂一般应设清水池,清水池的容积原则上应在分析再生水厂各种回用对象用水规律后确定。在下列推荐的主要组合工艺流程图中省略调节池和清水池,实际应用中,设计人员应根据上述原则设立清水池,并在必要时设调节池。

5.4.1 再生水用于工业

再生水用于工业主要有三个方面:冷却水、工艺用水、锅炉补水。

(1) 再生水水质不能满足冷却用水需要时,将会影响系统的运行,由于水质引起的问题有结垢、腐蚀、生物孳生等。

结垢是由残余的有机物、钙及镁盐的沉积造成的。为防止结垢,一般采用化学法及沉淀法,如加酸酸化或加阻垢剂。

再生水中的高 TDS、溶解性气体及高氧化态金属会导致冷却系统腐蚀,可投加阻蚀剂,如铬酸盐、多磷酸盐等。

再生水中的有机物及营养物质会造成系统中生物垢的生长,影响冷却设备的传热效率。加氯是最普通的防止生物孳生的方法,建议投氯量$\geqslant 10mg/L$。

对于使用再生水的冷却水系统,推荐再生水处理工艺流程如图 5-1 所示。

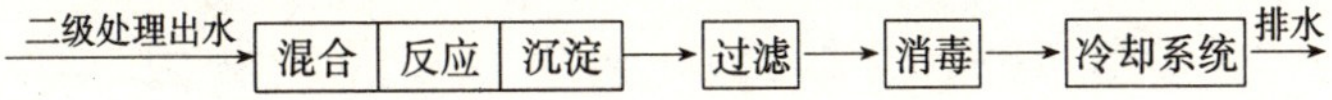

二级处理出水 → 混合 | 反应 | 沉淀 → 过滤 → 消毒 → 冷却系统 → 排水

图 5-1 冷却水的再生水处理流程 1

对于一次通过的直流式冷却水系统,推荐再生水处理工艺如图 5-2 所示。

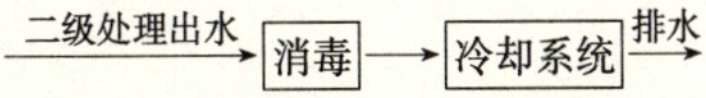

二级处理出水 → 消毒 → 冷却系统 → 排水

图 5-2 冷却水的再生水处理流程 2

(2) 再生水用于工艺用水的水质千差万别,不同的工业、不同的工序,对水质的要求均不相同。一般取决于当地的具体情况，根据不同的水质要求和标准来确定不同的处理工艺。

（3）再生水用于锅炉补水的水质与锅炉压力有关，一般锅炉蒸汽压力不高时，推荐工艺如图 5-3 所示。

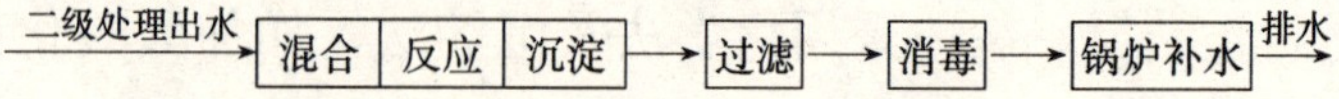

二级处理出水 → 混合 | 反应 | 沉淀 → 过滤 → 消毒 → 锅炉补水 → 排水

图 5-3　锅炉补水的再生水处理流程

若锅炉蒸汽压力较高，则需经软化及离子交换处理等，再生水才能符合水质要求。

5.4.2　再生水用于城市杂用

城市杂用包括城市绿化、建筑施工、洗车、道路洒水、厕所冲洗用水、消防等。

再生水用于城市杂用时，应尽量减少其与人体的直接接触。根据城市污水再生利用《城市杂用水水质标准》(GB/T 18920—2002)，再生水中总大肠菌群不应超过 3 个/L，因此需要足够的投氯量并延长消毒时间，以保证病毒或寄生虫卵灭活或死亡。亦可采用其他消毒方法，但一定要保证输水布水系统管网末端的余氯不小于 0.2mg/L。

在过滤前应投加混凝剂或助凝剂，在二级处理出水水质好的前提下也可直接过滤。其主要处理流程如图 5-4 所示。

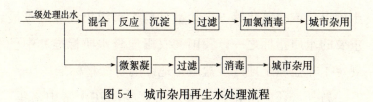

图 5-4 城市杂用再生水处理流程

5.4.3 再生水用于景观环境水体

再生水用于景观环境水体分为两类,一类是观赏性景观环境用水,另一类是娱乐性景观环境用水。

保证水体水质的关键是控制富营养化,一般经脱氮除磷的二级处理出水可达到要求。另外,必须保持水体的流动。

目前,再生水用于观赏性景观环境水体时,主要处理流程如图 5-5 所示。

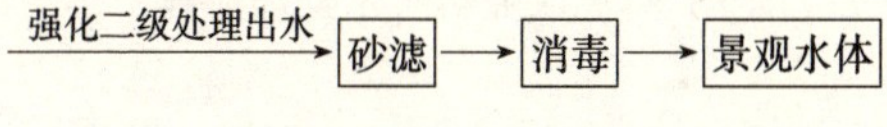

强化二级处理出水 → 砂滤 → 消毒 → 景观水体

图 5-5 景观环境水体再生水处理流程

用于娱乐性景观环境水体时,主要处理流程如图 5-6 所示。

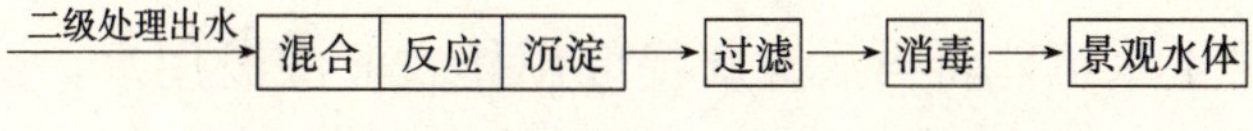

二级处理出水 → 混合 反应 沉淀 → 过滤 → 消毒 → 景观水体

图 5-6 娱乐性景观环境水体再生水处理流程

5.4.4 再生水用于农业

将再生水用于农业灌溉,应确保卫生安全,并防止土壤退化或盐碱化等。含盐量是再生水用于农业灌溉最重要的水质指标之一，我国《农田灌溉水质标准》中已规定了非盐碱土地区及盐碱土地区的含盐量标准。

另外，还应防止重金属及有害物质在土壤中富集，并通过食物链积累于农作物中。如果再生水采用喷灌，尚需要控制悬浮物，以防堵塞喷头。

对于旱作物，二级处理加消毒即可满足要求，对于水作物及蔬菜，需采用常规二级处理加混凝、沉淀、过滤等补充处理才能达标。农业再生水处理工艺如图5-7所示。

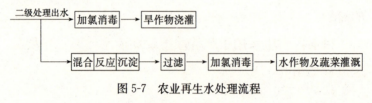

图 5-7　农业再生水处理流程

5.4.5　再生水用于地下回灌补充水源水

再生水用于回灌地下含水层，补充地下水，用以防止因过量开采地下水而造成的地面沉降和海水侵入，此类再生水可能将再次重新提取用作农业灌溉用水，或重新提取用作生活饮用水水源。为防止对地下含水层的污染，补充地下水水源的再生水水质要求较其他用途严格，需要采取深度处理中多种单元技术的组合。目前较常用的处理流程如图5-8所示。

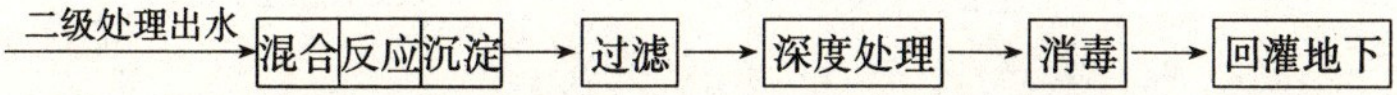

```
二级处理出水 → 混合反应沉淀 → 过滤 → 深度处理 → 消毒 → 回灌地下
```

图 5-8 地下回灌补充水源再生水处理流程

深度处理可采用活性炭吸附、臭氧氧化、膜技术等。

5.5 回用工程设计实例

为了帮助理解本章所说明的再生水处理技术，现以某再生水工程为例，介绍其设计计算方法。

某城市污水回用工程再生水源为城市污水处理厂二级处理出水，出水水量为 200000m^3/d，其中部分出水经深度处理后回用作城市杂用水。经调查，平均日城市杂用水量约 31200m^3/d，取日变化系数 1.3，则再生水厂深度处理规模按 40000m^3/d 设计。城市污水处理厂的出水水质执行《城镇污水处理厂污染物排放标准》(GB 18918—2002)一级标准的 B 标准。再生水处理工程执行《城市污水再利用 城市杂用水水质标准》(GB/T 18920—2002)中城市绿化、道路清扫、车辆冲洗和冲厕的指标，再生水处理工程的进水水质和出水水质详见表 5-18。

再生水处理工程的进水水质和出水水质　　表 5-18

编号	主要参数	进水水质	出水水质	去除率(%)
1	浊度(NTU)	—	≤5	—
2	SS	20	10	50.0%
3	生化需氧量（BOD_5）	20	10	50.0%

续表

编号	主要参数	进水水质	出水水质	去除率(%)
4	氨氮(NH_4-N)	15	10	33.33%
5	总磷(TP)	1.5	—	—
6	大肠杆菌(个/L)	10000	3	99.97%

注：除注明外，其余单位均为mg/L，进水大肠杆菌按10000个/L计。表中未列出的参数执行《城市污水再生利用 城市杂用水水质》标准。

根据需要去除的主要污染物质和再生水用户要求，选择的工艺组合流程如图5-9。其中，提升泵房、配水泵房和中水管网的详细介绍请参考《给水排水设计手册》第三册及本指南相关内容，本章节着重介绍再生水处理工艺单元的设计。

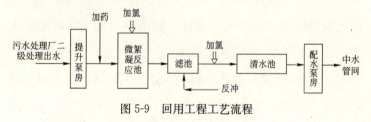

图5-9 回用工程工艺流程

1. 进水提升泵房

进水提升泵房主要用于提升污水处理厂的出水以进行后续的回用工艺处理。

在水泵出水管上安装静态混合器，进行加药混合。

（1）加药系统：贮药池→溶液池→加药泵→投药点。

(2) 药剂种类：8%液态碱式氯化铝，密度1.2t/m³(20℃盐基度67%)。

(3) 投药方式：湿投。

(4) 投药浓度：5%。

(5) 设计投药量：40000m³/d再生水处理，最大投加率(纯品)2mg/L，折合80kg/d，即8%液态碱式氯化铝0.9m³/d。

加药点设在微絮凝池前，共设置2台投药泵(1用1备)为微絮凝池加药。设溶药池1座，调制次数1～2次/d。设贮药池1座，容积按最大加药量储存40d设计，池容36m³。2台投药计量泵(1用1备)，能力$Q=1.0$L/min。

2. 微絮凝池

微絮凝池是将混合、絮凝反应工艺综合在一个池内，用于处理低浊度污水，操作运行简便。絮凝反应时间为5min。

(1) 数量：1座。

(2) 设计流量：1700m³/h。

(3) 构筑物尺寸：分3格，长×宽×高=12m×4m×4.0m。

(4) 有效水深：2.5m。

3. 过滤

采用技术成熟的矩形虹吸滤池。矩形虹吸滤池有许多成功的运行经验，且电耗、经营成本较低，设备数量少及维修量少。但是矩形虹吸滤池有土建复杂、工程投资较高、占地面积略大的缺点。

(1) 进水量：$40000m^3/d$。

(2) 滤速：$10m/h$。

(3) 有效面积：$(40000/24) \times 1.05/10 = 175m^2$。

(4) 单格面积（滤池共设6格）：$175/6 = 29.2m^2$。

(5) 单格设计尺寸：$5m \times 6.0m$。

(6) 单格实际面积：$30m^2$。

(7) 实际滤速：$(40000/24) \times 1.05/(6 \times 30) = 9.7m/h$。

(8) 滤料：单层滤料石英砂有效粒径$1.2mm$，厚$1.5m$。

(9) 反冲洗方式：水冲洗＋气冲洗。

(10) 水冲洗：

1) 冲洗强度：$0.8m^3/(m^2 \cdot min)$；

2) 冲洗历时：平均$10min$；

3) 每池冲洗水量：$0.8 \times 30 = 24m^3/min$。

(11) 气冲洗：

1) 冲洗强度：$1m^3/(m^2 \cdot min)$；

2) 冲洗历时：平均$2min$；

3) 每池冲洗气量：$1 \times 30 = 30m^3/min$。

4. 再生清水池

设计水量 40000m³/d,清水池容积按 2.4h 水量计算。

(1) 数量：2座,内设导流墙。

(2) 单池有效容积：2000m³。

(3) 单池结构尺寸：长×宽×高=25m×20m×4m,超高 20cm。

5. 配水泵房

配水泵房主要用于向管网输送清水。泵房设计规模 40000m³/d,配水量按时变化系数 1.2 计。水泵设计时应考虑大小泵级配运行。

6. 消毒

采用真空加氯系统,工艺流程为：氯瓶→自动切换器→过滤器→真空调节器→加氯机→水射器→加氯点。再生水处理工艺中,预加氯点设在微絮凝池入口处,后加氯设在清水池入口干管处。各点加氯量见表5-19。

加 氯 量 一 览 表　　　　表 5-19

加氯位置	水量(m³/h)	加氯率(mg/L)	加氯量(kg/h)
微絮凝池	1667	5	8
清水池前	1667	5	8

6 再生水输配水

6.1 再生水管线设计

再生水管线按其功能一般分为输水管和配水管。输水管是指从再生水厂到集中用水地区之间的管道,视再生水用途及地形可分为重力输水管和压力输水管。配水管是指由再生水厂或高位水池等调节构筑物直接向用户配水的管道,配水管一般分布广且成网状故称再生水管网。再生水输配水管线的设计在许多方面与给水输配水管线设计类似,但也有其特点:如再生水输配水管线的设计要特别注意防渗防漏,应设置再生水的安全保护措施等。

6.1.1 输配水方式

输配水方式一般分为重力流方式、压力流方式或重力流与压力流并用方式。压力流方式又分为从再生水处理设施到使用设备直接压送和通过高位水池压送两种。

重力流方式供水较经济，但水压调整有困难。压力流方式较之重力流方式在确保安全方面稍差，但平时易调整水压。干线破裂或检修时应采取断水或减压的应急措施来控制管子喷水造成的损害。

重力流方式可根据地形，分为地下管道输水和明渠输水。重力流输水管线具有投资低、运行管理方便、运营费用低、较安全等优势。输水管线应充分利用水位高差，当条件许可时优先考虑重力流输水，如河道补水、景观环境用水等低水位用水。如再生水用于居民小区、高层建筑楼群住户冲洗厕所、绿地浇洒等必须加压输水时，必须通过技术经济比较确定增压级数和增压站址。

输配水方式如图 6-1 所示。

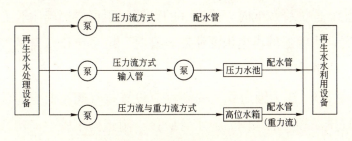

图 6-1 再生水输配水方式

6.1.2 输配水管的布置

（1）输配水管的走向和位置首先应符合城市绿化、

河道、工业和居住小区的规划要求，尽可能沿现有道路或规划道路敷设，尽量做到线路短、弯曲起伏小和土方工程量小，节省工程造价和减少日常输水能耗，以利于施工和维护管理方便，并考虑近远期结合和分期实施的可能。

（2）配水管以环状管网为佳，以防止再生水在管内停滞导致水质恶化。在不具备设置环状管网的地区，枝状管道末端需设置排水设施。

（3）再生水作为自来水的补充水源，或用于景观环境水体、河湖补水、绿化、冲洒马路、工业冷却水。再生水用于冲厕时，允许间断供水，一般可只设一条输水管。

（4）重力输水管应设检查井和通气孔。当输送的再生水浑浊度较低时，检查井的设置间距可参照给水管布置；当输送的再生水浑浊度较高时，可参照排水管的要求设置检查井。

（5）压力输送管上的高点应设置排气阀；低点应设置排泥阀、泄水阀。泄水管应接至附近雨水管、河沟或低洼处；当不能自流排出时，可设集水井，采用水泵排水方式。

（6）再生水输配水管与构筑物或其他管线的间距应符合城市或厂区管线综合设计的要求。

（7）再生水输配水管上的阀门布置，应能满足事故管段的切断需要，并在管网局部发生事故时尽量缩小断水范围，干管上的阀门间距一般为500～1000m。

（8）再生水管道铺设前，应充分了解沿线地段的土壤性质、地下水位情况，采用相应的管道基础及埋设要求，可参照《给水排水设计手册》第三册进行设计。

（9）当再生水管内水流通过承插接头的弯头、丁字支管顶端、管堵顶端等处产生的外推力大于接口所能承受的阻力时，应设置支墩，以防止接口松动脱节。设置条件、支墩材料及形式和设计原则、计算公式查阅《给水排水设计手册》第三册。

（10）再生水输配水管上应设有取水口，以便城市绿化和道路清扫等用水取水。每个取水口都应设测量装置，以便于再生水的计量和收费。取水口间距的设计要根据设置的可能性、交通状况和用户要求来确定，取水口间距一般为500～800m。

6.1.3 再生水输配水管的水力计算

1. 设计水量

进行配水管道的水力计算时，回用于农业灌溉和景观环境水体的输配水管道和设施按日最大用水量设计；回用于居民和公建冲厕时，输水管、输水泵、配水池和高位水池按日最大用水量设计,但配水管和配水泵按小时最大用水量设计;回用于浇灌绿化和道路冲洗及工业的输配水管道和设施按小时最大用水量设计。

2. 设计水压

由于农业灌溉和景观环境水体需水量大,且对水质要求相对较低,北京市适宜再生水灌溉的地区大都位于城市水系下游,河湖由于要接纳雨水,高程也相对较低,使用再生水较为方便,一般重力流或低压即能满足要求;农业灌溉和景观环境水体应尽可能考虑使用重力流供水,以便节省运营费用。

回用于工业、居民和公共建筑冲厕、绿化和道路冲洗应采用压力流供水。居民和公共建筑冲厕是再生水压力最大的回用对象,应根据建筑层数来确定设计水压(自由水头):一层为10m,二层为12m,二层以上每增高一层增加4m。

对于再生水供水范围内水压相差较大或地形起伏较大的管网,设计水压以及控制点的选用应从总体的经济性考虑,避免因满足个别点的水压要求,提高整个管网的压力,应充分考虑分区分压供水,或设调节设施和增压泵站。

3. 输配水管道的水力计算

重力流输水管渠的水力计算与排水管渠的水力计算

相同；压力输水管网的水力计算与给水管网的水力计算相同。输水管和管网的局部水头损失不作详细计算，一般按沿程损失的5%～10%计。

6.1.4 输配水管调节设施的设计

管网系统的调节设施有水量调节和水压调节两类。再生水厂的设计水量是按回用对象的最大时（日）需水量计算的，但回用对象的用水量是逐时变化的，且水压要求随回用对象不同而不同，为此，需设置水量调节构筑物，以平衡负荷变化及压力变化。调节构筑物可以设在再生水厂内，也可设在水厂外。

1. 水量调节设施设计

再生水水量调节设施主要为再生清水池，在再生水厂工艺流程末端设置再生清水池。再生清水池不仅调节回用对象的水量变化，而且使消毒剂与再生水能保持足够的接触时间，强化消毒过程。再生清水池的有效容积包括两部分，调节水量容积和安全储水量容积，另外还应考虑滤池反冲洗水量。回用于居民和公共建筑冲厕及工业时，还应在回用对象附近或内部设调节贮水池。通常再生水池或调节贮水池可按停留2～4h最大再生水量设计。

2. 水压调节设施设计

加压泵站是再生水管网的水压调节设施，其作用是提高局部地区（如居住小区楼房冲厕）的供水压力。由于再生水使用时水量不稳定，加压泵站也起着调节水量的作用。如何经济合理地确定输水泵和配水泵站的位置、加压扬程和加压水量、工作台数，是管网系统优化的关键问题，可借鉴给水工程方法常用的方法解决。

加压泵站有两种：一种是设贮水池的加压泵站，另一种是不设贮水池的管道加压泵站。一般情况下，在管网内不宜设置管道加压泵站，只有当从管径很大的管道中取水，且取水量大大小于管道供水量时，才考虑设管道加压泵站。

加压泵的选择，首先要考虑水泵的台数和流量匹配，保证各台工作水泵组合供水总流量和扬程能够满足最大工况时的流量和扬程要求，同时也要满足最小工况时的流量和扬程。所以，再生水加压泵站中水泵应选用型号基本相同、扬程相近、流量大小搭配的泵。再生水厂的供水泵应选用调频泵，以适应各种工况下的流量和扬程要求。水泵中接触水部分的材质应具有较强的耐腐蚀性。

减压阀是管网的一种压力控制附属设施，其作用是降低下游管网的压力，如小区高层冲厕的再生水管网兼供大面积浇洒绿地用水时，可适当使用减压阀。

6.2 管材

6.2.1 管材的选择

再生水管道的管材应对再生水水质不产生影响，应根据管道直径、流量、流速、埋设深度、管内工作压力、外部荷载压力、土壤性质、施工维护和供水安全要求等条件确定。管材确定前应进行不同管材方案的技术经济比选。再生水管道宜选用球墨铸铁管、钢管、钢套筒管和化学管材等，不宜选用石棉水泥管。对于重力流输水管道及低压输水管道，可采用钢筋混凝土管或预应力钢筋混凝土管。再生水管管材的选用应特别注意管件、附属设施(截止阀、气阀、排泥等)、接口形式等，以保证不产生渗漏。其选用原则基本与给水管相同，可参考《给排水设计手册》第三册进行设计。

国家从节约能源和环境保护角度出发，要求研制开发和使用各种化学建材，促进化学管材的开发引进。中华人民共和国建设部公告《关于发布化学建材技术与产品的公告》(2001年第27号)要求优先选用和推荐应用埋地高密度聚乙烯双壁波纹管(HDPE)、聚氯乙烯管(PVC-U)、玻璃钢夹砂管(RPMP)、ABS管、聚丁烯

(PB)管、FRP纤维管、塑料金属复合管、PPC管、PPR管等，大力开发应用新型复合改性塑料管和配套管件，逐步限制和淘汰镀锌钢管、传统铸铁管。目前，塑料管道在全国各类管道中市场占有率已达到50％以上。用于给水的化学管材均可作为再生水管道。

目前，国内用于埋地供水管道的管材产品有钢管、球墨铸铁管、混凝土管、无机材料和各种热塑性塑料管、热固性树脂等高分子有机材料制造的管道，已达到了管材产品的多样化，可以提供外径$DN16\sim DN3000$以上各种规格系列及$0.2\sim 2.0MPa$多种压力等级的管材。每一种管材都有各自的特点，因此在选用管材时，应熟悉各种管材的材质和适用条件，采用符合要求、经济合理又安全可靠的管材。

6.2.2 钢管

钢管一般用于回用工程中大口径的再生水输水管道。钢管价格相对较低，在施工和管理上均有成熟经验。但是，钢管不耐腐蚀，其寿命取决于管材的内外防腐措施。钢管防腐应符合《埋地钢质管道环氧煤沥青防腐层技术标准》(SYJ 28—87)、《埋地给水钢管道水泥砂浆衬里技术标准》(CECS 10：89)和《给水排水管道工程施工及验收规范》(GB 50268—97)等标准。管外壁喷砂除锈应达到《涂装前钢材表面处理规范》(SYJ 4007—86)标准中 Sa2½ 级质量要求,当所涂底漆隔日时应另除锈,管道外壁应采用环氧煤沥青四油二布;当穿过障碍物(道路、河道和铁路等)时管道外壁应加强防腐采用环氧煤沥青五油三布。现场焊接对口处应做加强防腐,一般采用五油三布,接口两侧防腐层搭接长度应不小于 100mm。钢管及管件应做内壁水泥砂浆衬里或氯乙烯衬里,其制作质量应符合相应的内防腐标准。一般再生水管道使用内壁水泥砂浆衬里。目前,国外已广泛采用可机械化操作的 3 层聚乙烯或聚丙烯薄膜外防腐技术。内衬采用 SP 环氧树脂防腐涂层(液体环氧涂层或粉末热溶涂层)。国内也可提供钢管内外壁用环氧粉末材料。钢管内壁采用环氧及特种防腐涂料的内衬,其管壁的粗糙系数比水泥砂浆内衬小,且不结垢,可相应地减小管径或节约电能。

钢管焊缝 X 射线探伤应按《钢熔化焊对接接头射线照相和质量分级》(GB 3323—87)规定达到Ⅲ级质量标准。超声波探伤应按《锅炉和钢制压力容器对接焊缝超声波探伤》(JB 1152—81)规定达到Ⅱ级质量标准。在制造厂制作时,X 射线探伤长度不小于焊缝总长度的 0.5%,超声波探伤长度不小于焊缝总长度的 20%;对施工现场固定焊缝 X 射线探伤 1%,超声波探伤 4%;

只做射线探伤时为2.5%。

6.2.3 球墨铸铁管

球墨铸铁具有强度高、韧性大、抗振性能好、耐腐蚀、便于安装等优点。其强度比钢管高，延伸率大于10%，抗腐蚀能力比钢管强。配水管道选用球墨铸铁管，能保证配水水质。所选用的球墨铸铁管各种技术参数(如屈服强度、抗拉强度、延伸率和抗冲击性能等)应符合国际标准《Ductile iron pipes, fittings, accessories and their joints for water or gas applications》(ISO 2531：1998)和国家标准《离心铸造球墨铸铁管》(GB 13295—91)。球墨铸铁管出厂时一般外表面已经喷有锌层或涂覆沥青，管道内防腐采用涂覆水泥砂浆内衬，所以出厂的球墨铸铁管已具有一定的防腐性，不必再增加特殊防腐措施。选用的球墨铸铁管防腐性能应符合国际防腐标准《Ductile iron pipes——External zinc coating——Part 2：Zinc rich paint with finishing layer》(ISO 8179—2：1995)和《Ductile iron pipes and fittings for pressure and non-pressure pipelines——Cement mortar lining》(ISO 4179：2005)。

6.2.4 高密度聚乙烯(HDPE)管

高密度聚乙烯管一般用于回用工程中低压输水管道

(0.6MPa以下），从经济角度考虑，在再生水回用工程中一般使用的高密度聚乙烯管公称直径 $DN \leqslant 400mm$。

高密度聚乙烯（HDPE）管是一种具有环状波纹结构外壁和平滑内壁的新型管材，国内20世纪80年代初已从加拿大引进其生产线。高密度聚乙烯管又分为HDPE双壁波纹管和HDPE大口径缠绕增强管、HDPE平滑管。高密度聚乙烯管作为一种新型轻质管材，具有重量轻、耐外压、卫生性能好、施工快、寿命长等特点。公称外径在$DN400$以下时与球墨铸铁管相比价格上还有一定的优势。

高密度聚乙烯管道基础采用砂石垫层基础，对一般土质的地基，基底只需铺一层砂垫层，厚度0.1m。对软土地基，槽底处在地下水位以下时，需铺垫砾石砂或碎石，厚度0.15m。

目前HDPE双壁波纹管公称外径有$DN110$、$DN225$、$DN315$、$DN400$、$DN500$等几种规格的产品。HDPE大口径缠绕增强管属柔性管材，采用的原料为符合PE80级的高密度聚乙烯管材原料，生产制造过程采用热挤缠绕成型工艺，最小埋深$\geqslant 0.5m$，最大埋深$\leqslant 20m$，现已有公称外径$DN300 \sim DN3500mm$、标准长度6m的各种规格产品。

HDPE双壁波纹管管道接口应采用橡胶圈接口，分为三种连接方式：(1)玻璃钢管体连接，单体橡胶圈密封；(2)铸铁马鞍型管件连接，联体胶圈密封；(3)承插橡胶圈密封。HDPE大口径缠绕增强管接口分为三种：(1)施工现场快速电熔连接；(2)承插口电熔连接；(3)法兰连接。

6.2.5 硬聚氯乙烯塑料(PVC-U)管

硬聚氯乙烯塑料管具有无毒害、无二次污染、流动阻力小、使用寿命长、重量轻、装运方便、机械性能好、连接方便等优点。目前，国内可提供硬聚氯乙烯塑料管公称外径 $DN20 \sim DN800$ 规格的产品，管材的长度一般为4m、5m、6m，公称压力 $0.6 \sim 1.6MPa$。

硬聚氯乙烯塑料管接口形式有两种，承插管按R-R弹性密封橡胶圈连接法，将橡胶圈放入承口内，插口插入，小口径管用手工插接，中、大口径管利用紧线器插接。切割管按T-S法管道连接法，将管材按要求切开，插管外表面和套管内表面迅速涂沫胶粘剂，将插管套入套管后保持至少1min。

为使管道受力均匀，PVC-U管管道基础有一定的要求，管道底部要求铺设砂垫层，厚度 $100 \sim 150mm$，密实度为最佳密实度的90%。在永久性再生水管道工程中应用PVC-U管材时，应按《埋地硬聚氯乙烯给水管道工程技术规程》(CECS 17：2000)进行管道结构设计计算，确定采用的管材规格等级，且严格按上述标准进行施工，确保管道工程达到50年使用寿命要求。

6.2.6 玻璃纤维增强热固性树脂夹砂(RPMP)管

1998年我国发布了《玻璃纤维缠绕增强热固性树脂夹砂压力管》(JC/T 838—1998)行业标准。RPMP管为复合材料管材，具有比热塑性塑料管更强的耐腐蚀性能，同样具有不产生输送水二次污染的优点。在应用RPMP管时，应要求生产厂家提供详细的管材物理学性能测试数据，并按《给水排水工程埋地玻璃纤维增强夹砂管管道结构设计规程》(CECS 190：2005)进行管道结构设计计算，确定管材规格，并严格按照相应的施工验收规程进行施工。

国内可提供玻璃钢夹砂管公称外径 $DN100\sim DN3600$ 共27种规格的产品，管材长度一般 4m、6m、8m、10m、12m，公称压力 $0.1\sim 2.5MPa$。

RPMP的连接类型有胶粘连接、外铺层连接、密封圈承插连接、套管连接或采用允许使用的机械形式连接。胶粘连接有三种形式：(1)锥形承口和插口粘接是将压力管的连接端做成带有一定锥度的承口和插口，用适当的胶粘剂粘成一体；(2)直线承口粘接是将压力管的连接端做成不带锥度的承口和插口,用适当的胶粘剂粘成一体;(3)锥度承口和直插口粘接是将连接节点做成带锥度承口和直口,用适当的胶粘剂粘成一体。外铺层连接是将一定数量的增强材料用催化剂系统的树脂基体进行浸渍,将其铺到管端接合处以连接成整体并达到压力密封要求。密封圈承插连接方式分承插连接和套管连接。机械连接包括法兰、螺纹、压缩接头或市场上现成的类似连接形式。

6.2.7 其他管材

聚乙烯管(PE 管)具有热塑性塑料管材耐腐蚀性能好、不产生输送水二次污染、严密性强、运输和敷设方便等特点。PE 管采用热熔管件和热熔对接连接,可用专用熔接设备将管材在沟槽上部或场地连接成几十米甚至几百米整体管道进行弹性敷设,不受施工现场地形变化的影响。由于 PE 管具有上述优点,目前在国外该管的应用已超过 PVC-U 管,在国内也呈上升趋势。国内 PE 管的公称外径 $DN16 \sim DN1000$,公称压力 $0.6 \sim 1.6 MPa$ 的产品。

聚丙烯管(PP 管)和聚丁烯管(PB 管)也都是国外 20 世纪 90 年代发展起来的热塑性塑料管材,具有与 PVC-U 管、PE 管同样的优点,国内现已开发引进。

新管材的开发和利用既要考虑回用工程的适宜性，又要考虑新管材的经济性。新管材使用前应作适宜性和经济性分析。

6.3 防止再生水管误接的措施

随着污水回用工程增多、回用范围扩大，再生水管道误接的可能性也增大。特别是在居住小区内设置双供水系统时，作为非饮用水系统的再生水管与作为饮用水系统的自来水供水管误接会产生严重后果。为防止再生水管道的误接，在设置双供水系统的地区，政府部门需设置严格的预防再生水管误接的计划和法规。同时，回用工程设计时也应采取适当的工程措施。

6.3.1 再生水管的标志

所有再生水管材在生产过程中，应在管道两侧刻制醒目的"再生水管"作为标志。在双供水系统地区，再生水和饮用水管道暴露部分需刷有明显区分颜色的油漆，清楚标志哪一条是饮用水、哪一条是非饮用水。再生水管道暴露部分的标志颜色为绿色。非饮用水管上不得安装水龙头。再生水系统的全部出水口应设置警示牌，说明此水作为饮用水是不安全的。

6.3.2 再生水系统阀门井的标志

再生水系统所有闸板阀、手控阀门、电控阀门、减压阀门、取水口等必须设在带锁井盖的阀门井内，并用特制钥匙开关阀门井盖。再生水系统阀门井盖应有特别的标志，在井盖上铸有"再生水"字样的、涂有绿颜色的标志。

6.3.3 再生水管道与建筑物、构筑物或其他管道的交叉

再生水输配水管线的平面与高程布置应满足城市总体规划的要求，满足城市工程管线综合设计规范的要求，可参照给水管线与建筑物、构筑物或其他管道之间的最小水平净距和最小垂直净距设计。如旧城镇或道路狭窄而使设计布置有困难时，在采取有效措施后，其最小水平净距和最小垂直净距可适当降低，但必须得到规划部门的许可。

7 再生水系统维护管理

再生水系统维护管理包括其设施的运转管理、水质管理和安全管理。维护管理应满足再生水各种用途的水质标准和用水量稳定性要求。再生水设施通常指再生水处理设施、输配水设施和利用设备。再生水设施的管理通常涉及的单位和部门较多，建立完善的维护管理体制是十分必要的。再生水设施的管理分工原则上以设施所有（或使用）权为划分基础，但要加强各单位维护管理的信息交流。再生水的水质管理包括城市污水处理厂的出水（再生水厂进水）、再生水厂的出水保障措施的管理等。再生水系统的安全管理主要包括安全性预防措施和评价分析等。

7.1 运行管理

再生水设施的运行管理，是指再生水的原水经过处理达标后送至用户的全过程管理，管理应有效运用再生水设施，充分掌握运转状况。运行管理首先要明确不同岗位不同级别的操作人员应具备的业务知识和能力，根据运行管理人员的实际状况及特点进行职业技能培训，使其业务知识和能力不断提高。运行管理应制定各岗位的责任和制度，明确职责范围及奖罚等，如设施巡视制度、设备保养制度、交接班制度、安全操作制度等。定期进行各设施的保养、检查和清扫，预防各设施功能障碍和故障，保证供水水质和水量的稳定性。

再生水厂和城市污水处理厂合建时，再生水厂宜有独立的电力等计量设备，以便于成本核算和管理。

7.1.1 输配水管线的运行管理

（1）运行管理人员必须熟悉输配水管线设施的功能、运行要求和维修规定。

（2）运行管理人员应进行日常沿线巡视，检查设施有无失灵、漏水现象，井盖有无损坏、丢失等，并严禁在管线上圈、压、埋、占等。发现问题应及时处理，消除影响供水安全的因素。

（3）应定期对管线附属设施、排气阀、排泥阀、泄水阀等进行维修和更新。各种闸井内应保持无积水，并定期清扫。

（4）应对构筑物的结构及各种闸阀、护栏、爬梯、管道、支架和盖板等定期进行检查、维修及防腐处理。

(5) 压力式、自流式的输配水管线,每次通水时均应将气排净后方可投入运行。

(6) 压力式输配水管线应在规定的压力范围内运行,沿途管线宜装压力表,进行观测。

(7) 对自流式输配水管线和低处装有排泥阀的管线,应定期排放积泥,其排放频率应依据再生水的水质而定,一般为1~2次/a。

7.1.2 再生水厂的运行管理

1. 一般要求

(1) 运行管理人员必须熟悉本厂处理工艺和设施、设备的运行要求与技术指标。

(2) 操作人员必须了解本厂处理工艺,熟悉本岗位设施、设备运行要求和技术指标,并严格按各设施和设备的产品操作说明书进行操作。

(3) 各岗位应有工艺系统网络图、安全操作规程等,并应示于明显部位。

(4) 运行管理人员和维修人员应按各设备规定的要求进行设备的维护和管理,应对构筑物的结构及附属部件等定期进行检查、维修及防腐处理,并及时更换被损坏部件。

(5) 运行管理人员和操作人员应按要求巡视检查构

筑物、设备、电器和仪表的运行情况。

(6) 各岗位的操作人员应按时做好运行记录,数据应准确无误。操作人员发现运行不正常时,应及时处理并上报主管部门。

(7) 各种机械设备应保持清洁,无漏水、漏气等现象。水处理构筑物堰口、池壁应保持清洁、完好。

(8) 根据不同机电设备的要求,应定时检查,添加或更换润滑部件或润滑脂。

(9) 各种阀门井内应保持无积水并定期清扫。

(10) 操作人员在启闭电机开关时,应按电工操作规程进行,各种设备维修时必须断电,并应在开关处悬挂维修标牌。

(11) 各岗位操作人员应穿戴齐全劳保用品,做好安全防范工作。清理机电设备及周围环境时,严禁擦拭设备运转部位,冲洗水不得溅到电线头和电机带电部位及润滑部位。雨天或冰雪天气,操作人员在构筑物上巡视或操作时,应注意防滑。

2. 泵房

(1) 应根据进水量的变化调节水泵工况。

(2) 水泵在运行中,必须严格执行巡回检查制度,应注意观察各种仪表显示是否正常、稳定。水泵的开停次数不可过于频繁,每台泵的投运次数及时间应基本均匀。操作人员在水泵开启至运行稳定后,方可离开。水泵启动和运行时,操作人员不得接触转动部位。

(3) 操作人员应保持泵站的清洁卫生,各种器具应摆放整齐。应及时清除叶轮、闸阀、管道的堵塞物。

(4) 应使泵房的机电设备保持良好状态,水泵机组不得有异常的噪声或振动。

(5) 集水池水位应保持正常。泵房的集水池应每年至少清洗1次,并对设备进行检修。

(6) 变配电站与泵房合建时,对变压器及其他附属设备的运行管理等应按有关规程执行。

(7) 当泵房突然断电或设备发生重大事故时,应打开事故排放闸阀,将进水口处闸阀全部关闭,并及时向主管部门报告,不得擅自接通电源或修理设备。

3. 生物接触氧化池

(1) 填料堵塞是接触氧化法运转中值得注意的问题,即使进水的 BOD 和悬浮物浓度很低,有时仍然会发生堵塞现象。因此,应定期加大气量对填料进行反冲洗,每次反冲 5~10min,这对于填料上衰老的生物膜脱落、促进生物膜新陈代谢、防止填料堵塞是有效的;或者可以停止进水,让其干燥脱落;也可加入少量氯或漂白粉来破坏填料层部分生物膜。对含悬浮物较多的污水,应加强前处理阶段对 SS 的去除,减少进入接触氧化池的悬浮物量。

(2) 当废水中不能降解的洗涤剂含量较高、废水油脂量较大或有其他不利条件存在时,接触氧化池内容易产生大量泡沫,此时,应适当减少曝气量,在氧化池上设置高压水管,通过喷水可有效控制泡沫。若在氧化池前工艺流程中有水解酸化池,则应增加废水在酸化池中的停留时间,破坏大分子表面活性剂和油脂的结构,减轻甚至消除泡沫现象。此外,应加强清洁生产,减少表面活性剂使用量,加强油脂的回收,减少其排放量。

(3) 若采用斜管沉淀池,污泥易在斜管上沉积,日积月累产生污泥厌氧上浮,应设置防堵塞冲洗设备,经常用水冲洗,清除沉积的污泥。

(4) 在试运行的生物培养阶段,采用小负荷进水方式,使填料表层逐渐被膜状污泥(生物膜)覆盖。试运行中应严格监测溶解氧、温度、微生物生长状态及种类,控制生物膜的厚度,保持好氧层厚度在 2mm 左右,避免厌氧层过分增长,使生物膜的脱落均衡进行。

(5) 接触氧化法处理生活污水时不需专门培养菌种,连续运转 4~5d 生物膜就可成熟。对含菌种少的工业废水,挂膜时接入菌种,运行十几天生物膜就可成熟。

(6) 接触氧化池运行中应控制进水 pH,对于大部分微生物来说，最适宜的 pH 值应为 7.0，当进水的 pH 值过高或过低时，应调整 pH 值在 6.5～9.5 之间，否则微生物会受到冲击损害，影响生物相和处理效果。

(7) 接触氧化池运行中，应有足够的供气量，否则会产生厌氧现象。应适当调节鼓风机开启的台数和布气管的阀门，保证充足的气量。

(8) 当停电或发生事故不能供气时，只要将接触氧化池中的水放空，附着在填料上的微生物就可以从空气中获得氧气而维持生命。有人曾经试验，在这样间歇 1 个月后再重新工作，生物膜在几天内就可恢复正常。

(9) 沉淀池宜采用机械刮泥设备或勤排泥制度，避免污泥产生厌氧上浮。

(10) 当采用曝气头曝气时，应在布气支管上安装阀门，达到均匀布气的目的，防止生物膜附着在曝气设备上，造成堵塞。

(11) 注意观察仪器和设备运转时的异常情况，若发现异常应及时妥善解决。

4. 生物滤池

(1) 生物滤池的滤速应控制在设计范围内，过低的滤速会造成下层滤床堵塞，从而影响滤池正常运行并使反洗困难；过高的滤速则可能使出水水质得不到保证。

(2) 每周应检查反洗效果及滤池的堵塞状况，检查的内容包括：压力及水头损失数据（风机出风管道压力、反洗及工艺气管和反洗完成时的滤池进口压力）、在给定反冲强度下反冲前后的进水井水深或压力计数据、绘制快速排水时间曲线。

（3）每周应检查工艺状况，其内容包括分析COD_{Cr}、BOD_5、SS 的平均样，计算去除效率及负荷。

（4）每月应定期检查反洗泵流量，如泵流量偏离正常范围应按事故条例采取措施。

（5）每个滤池的反洗情况应每月检查至少 1 次，看反洗所有程序是否正常、观察滤池表面各个阶段布气是否均匀、阀门开关是否正常、检查鼓风机超压释放阀、查看反洗过程的水头损失变化，将这些数值与调试验收阶段的参数进行对比。

（6）为优化生物滤池的运行，有必要根据滤池上游负荷的变化情况定期检查滤池的运行周期。在调试验收阶段根据不同季节不同水质给出几套运行方案，作为运行指南，并规定运行周期的合理范围。

（7）滤板保护压力开关必须至少每年检查 1 次。

（8）应慎用高分子絮凝剂，如果使用，最好只使用一种类型的高分子絮凝剂。

（9）应定期清理筛网，包括滤池进水、处理后贮水池及曝气头反冲洗管路的筛网。定期清理出水槽、溢流堰、出水稳流栅等处沉积的藻类、滤料或其他污物。贮水池应定期放空以清理沉积的淤泥。

（10）按设备供货商的建议定期对风机、水泵及阀门进行保养。

（11）每个滤池应至少每月保养1次。

（12）清理滤料承托层、滤头及滤板下部时应将滤池放空，如滤池属非正常的堵塞而停止运行（停池），可通过人孔进入滤板下部局部清理。

（13）进入滤板下部必须有安全措施，包括启动反洗风机以低风量为滤板下部通风；工作人员必须携带H_2S探测仪；进去的工作人员必须有绳索与外边守候的人员联系。

（14）滤池应定期按规定程序进行辅助反洗。

（15）按规定程序对曝气系统进行水洗，如有必要可进行酸洗。

（16）当滤池停池时间较短（少于24h），且滤池未发生堵塞情况下，在滤池恢复运行之前不需反洗。如果需停几个滤池，最好有一个交替停池/运行的计划。

（17）如停池时间少于5h，滤池不需进行曝气。如停池时间大于5h，有必要定时启动工艺鼓风机进行曝气，每小时至少运行5min。

（18）如滤池长期停池处于备用状态（进水流量为

零),应每小时至少曝气 5min。

(19) 如滤池要排空长期停池(1 个月或更长)时,应采取措施:停池之前清洗曝气系统;在放空的同时以中负荷(反洗气+工艺气)曝气,在放空后以反洗气吹洗 1h,必要时打开人孔盖使空气能对流通过滤料并清理池底;每个月清洗 1 次曝气系统(5min);当重新启动时先进行 1~2 次反洗。

5. 砂滤池

(1) 砂滤池应保持恰当的过滤速度,在滤池试运行或大修之后的投运之前,应对滤速进行实际测定,确定出最佳滤速,以便于运行调度。

(2) 因过滤层内的浊质不断贮留,水头损失将会增加,必须定期清洗滤层,防止滤池的堵塞和浊质(指矾花、悬浮物)的穿透,以维持其良好的功能。

(3) 一般下向流重力式的滤池清洗频度为 1 次/d。

(4) 当水头损失增至最高允许值或当出水水质降至最低允许值时,应根据经验进行冲洗。要保证冲洗效果,必须合理地控制冲洗强度。一般来说,比重越大或粒径越大的滤料,要求的冲洗强度越大,最佳冲洗强度及历时应由试验确定。

(5) 应定期放空砂滤池进行全面检查,定期对表层滤料进行大强度表面冲洗或更换。各种闸阀应经常维护,及时清除池壁及排水槽生长的藻类等。

(6)砂滤池的大修包括:将滤料取出清洗,并部分予以更换;将承托层取出清洗,损坏部分予以更换;对滤池各部位进行彻底清洗;对所有管路系统进行检查,水下部分进行防腐处理。

6. 搅拌池、混凝沉淀池

(1)运行操作人员应观察并记录反应池矾花生长情况,并将之与以往记录资料比较,如发现异常应及时分析原因,并采取相应对策。

(2)运行管理人员应加强对进水水质的监测,并定期进行烧杯搅拌试验,通过改变混凝剂或助凝剂种类,改变混凝剂投药量,改变混合过程的搅拌强度等,来确定最佳的混凝条件。

(3)采用机械混合方式时,应定期测试计算混合区的搅拌速度梯度,发现问题时应及时调整搅拌设备的转速或进水水量。采用管道混合或静态混合器混合时,由于流量减少,流速降低,会导致混合强度不足。对于其他类型的非机械混合方式,也有类似情况。此时,应加强运行的合理调度,尽量保证混合区内有充足的流速。对于水力式絮凝反应池亦一样,应通过调整流量来保证水流速度。

(4)沉淀池应合理确定排泥次数和排泥时间,操作人员应及时准确排泥，否则沉淀池内积存大量污泥，会降低有效池容，使沉淀池内流速过大，反应时间缩短，导致混凝效果下降。

（5）应经常观察混合、反应、排泥或投药设备的运行状况，及时进行维护，发生故障及时维修。

（6）应定期清洗加药设备；定期标定加药计量设施；加强对药剂的管理，防止药剂的变质失效。

7. 微絮凝池

（1）微絮凝过滤对滤前处理要求较严格，必须严格控制混凝剂的投加量，在运行中要尽可能地避免其投加量的波动。

（2）当不设絮凝池时，对混凝剂的投加、混合要求较高，要使药剂能在瞬间急速扩散。当设絮凝池时，絮凝时间要严格掌握，不能出现肉眼可见的絮体。

（3）微絮凝过滤滤速不宜过快，过快的滤速可能会产生出水后滞絮凝现象。注意避免滤速波动，以免滤速波动严重影响出水水质。

8. 活性炭吸附设施

（1）活性炭吸附处理装置中，如果原水与活性炭的接触时间（过滤速度）不合适，则影响出水水质，所以应恰当地保持过滤速度。

（2）活性炭吸附设施在运转管理上反冲和再生是主

要的,在日常运行中,反冲以 1 次/(2~3)d 的频度进行,视状况亦可以 1 次,反冲时间为 10min。

(3) 活性炭的寿命是活性炭吸附设施处理程度的主要因素。当达到活性炭的吸附容量饱和状态时,应进行活性炭的再生或替换。

9. 微滤系统

(1) 本系统使用应在设计的进水水质和流量范围内,在规定范围外的操作会引起膜组损坏。

(2) 微过滤设施和管路中的一些物质会由于直接暴露于日光或大气中引起损害。若有遮盖在操作前必须使用。聚丙烯纤维(PP)的 M10 微滤模块容易受化学药品如氯或其他氧化物的侵蚀,不要将 PP 子模块暴露在氯或其他氧化物之下(除非得到供货商认可)。任何进入模块的水或用来清洗的溶液都必须无氯。

(3) 在冰冻的环境下,本系统不可以运转、储存和运输。建议操作启动前应检查系统是否损坏或渗漏,并确认空压系统工作温度在 0~40℃之间,建议储存温度在 0~50℃之间。

(4) 微滤模块容易受 pH 值在 2~10 之外的化学药品侵蚀,不要将该模块暴露在 pH 高于 10 的强碱或 pH 低于 2 的酸性环境中。M10 模块中的尼龙成分也易受 pH 低于 2 的酸性化学药品侵蚀,使用的清洗溶液、浓度和温度都必须符合操作及维护手册的要求。在使用化学药品前，应根据化学品安全要求进行操作，尤其注意使用安全防护眼镜和安全服。

（5）清洗的化学溶液和清洗用的水通常是带碱性或酸性的，应符合排放规定，否则需排到特殊容器中再作使用或处理。

（6）在开机前为防止子模块变质，应该按照储存说明把模块组合注满稀释的化学溶液，此储存步骤应该在设备到货后7d内完成。在安装过程中及操作前，模块必须保持密封。在进水检测前不要移走膜组件上的塑料铲子装置。

（7）系统需停机7d以内时，最好保证每24～48h之间至少运行1h，这可以使在停机期间细菌增长减至最少。当准备关机时，进行1次手动反洗。并将该模块尽可能储存在正常强度的清洗溶液中。

（8）系统需停机7d以上时，必须储存在特殊的清洗溶液中。

10. 反渗透装置

（1）一般情况下影响反渗透装置正常运转的主要因素有：前处理、模块状态、操作压力、水温、水中含盐量及回收率等。

（2）反渗透装置启动前应检查进水水质，并保证进水水质和水量稳定且不含氯。

（3）反渗透装置一旦启动，理论上应保持在稳定的条件下运行。每次的启动和停止过程都会造成压力和流量的改变，及附加在模块上的机械应力，所以应尽量减少启动和停止的次数，且正常的操作启动程序也应尽量平稳。

（4）每次反渗透装置因为报警或正常原因关机时都会进行强制冲洗，此程序的目的是将导管及模块注入滤液，将盐水排出，以避免沉淀和腐蚀的危险。反渗透装置必须定期清洗，避免管道连接部位和钢制部件的氧化，延长装置的寿命。

（5）当反渗透装置停止运转超过48h，元件应存放于保护液中，避免微生物的生长。通常每次在开机和保存模块前，都应按运行程序规定进行1次化学清洗。清洗、消毒及保存应严格按说明书要求进行。在停机期间，设备应存放在不会结霜的环境且温度绝不能超过45℃，低温更为理想。

（6）反渗透装置存放的气候条件和预计存放的时间应在订货前通知供货商。装置应存放在货柜或室内，避免日光、潮湿、高温及严寒的环境。需要长期存放的高压支管应涂防锈漆。

（7）对于模块的存放和保存应特别注意，模块在发货时放入胶袋前，元件浸泡在标准液内防止细菌生长和冷冻等问题的发生。当任何曾被使用过的元件从压力容器中取出、存放或装运时，都必须按说明书要求存放在保存液内。

模块应保存在通风和没有日光直接照射且温度符合要求的地方；新元件应保存在原包装内；干元件的存放期没有限制；对于存放在保存液内的元件，应按要求定期检查和更换保存液。

（8）在正常运转情况下，当压力差比在操作初期（24～48h）高15％时，应进行化学清洗。接触化学药品时应遵守安全操作的规定。

（9）反渗透装置排出的浓缩液需进行处理。模块使用后，应在保证不含保存液和其他危险性液体、保证无危险性沉积物质附着情况下，方可作为废料处置。

11. 接触池

（1）氯处理设施运转管理时，应满足各种用途的再生水水质标准对余氯的要求，应控制好其投加率。

（2）景观环境用水及养鱼，要考虑余氯的影响，考虑消毒效果设定投加率等。此外，氯处理后，通过投入脱氯剂（二氯化硫）的处理，去除余氯。

12. 臭氧处理设施

（1）臭氧处理工艺，由臭氧发生器、压缩机、臭氧处理设施等多种机器构成,必须对这些机器充分熟知,按照产品说明书的要求进行操作,避免误操作。

(2) 臭氧处理设施通过恰当的臭氧投加率可取得较好的处理效果,但应考虑水中残留臭氧的影响。因此,斟酌考虑处理效果和处理后出水中维持的臭氧浓度及残余臭氧的时间衰减等情况,进行投入率和反应时间等运行管理。

(3) 当臭氧与水在接触器内接触后,接触器排气管排出的气体中仍含有一定的残余臭氧,这种气体称之为臭氧尾气,而空气中臭氧的极限允许浓度为 $0.1mg/m^3$。因此,除了少数特定场合允许利用大气的稀释能力解决尾气处置外,一般情况下富含臭氧的尾气不能直接排放,必须对剩余臭氧加以处理处置。

13. 紫外线消毒装置

(1) 所有操作维护都必须先戴上防紫外光眼镜才能进行工作。严禁用肉眼直视裸露的紫外灯光线,以防眼睛受紫外光严重伤害。严禁未接灯管前通电,以免损坏电控系统。严禁改变设备的灯管配置。

(2) 严禁先通水后开灯。在突然停机时应立即关闭出水闸门,否则将会使水未经处理就进入再生水管道。

(3) 设备的反应器及控制柜必须严格接地,严防触电事故。通电前一定要盖好电源防护盖,严禁带电打开电源防护盖。非经授权电工不得擅自打开系统控制柜。

（4）由于灯管是高压启动，启动瞬间的高压对灯管的冲击较大。因此，应尽量减少开关机的次数，以提高灯管使用寿命。平均开关次数每天不得多于1次。

（5）本系统是以紫外线消毒，紫外灯光的强弱和套管的清洁程度直接影响消毒的效果，为保证杀菌的效果应根据紫外线杀菌灯的寿命和光强衰减规律及时更换灯管，并应定期清洗玻璃套。

（6）在取玻璃套管与紫外灯管时切勿用手直接触及，应先套上橡胶手套后操作。万一紫外灯管破损，应在破残灯管内加入硫磺粉末，所有可见液状汞颗粒都必须撒上硫磺粉末并妥善处理。

7.2 水质管理

水质管理的目的是确保再生水在卫生学上的安全性和适宜性，防止输配水设备和再生水处理设备发生障碍和故障，判断运转操作是否正确，确保再生水处理设施的正常运转。

7.2.1 主要内容

首先应将再生水厂的进出水水质与相应的标准水质

相对照，判断再生水利用是否适当，在经济合理的前提下保证用水的安全性和可靠性。

当原水来自污水处理厂的二级处理水时，其水质对再生水处理设施的功能影响较大，为得到合格的再生水，应严格控制二级处理水的水质。

及时掌握再生水处理设施的出水水质。通过系统整理水质数据，及早发现设施的故障、及时查清原因，保证再生水处理设施的正常安全运行。

制定水质测定的场所、项目、方法及频次。水质测定应综合考虑各项指标的重要程度、再生水用途与水质标准、再生水处理设施和运转情况、利用状况、管理体制等条件。

7.2.2 水源水质管理

再生水厂的水源有城市污水和城市污水处理厂出水两种。设计人员在再生水厂设计前应明确进水的来源和水质，运行管理人员在上岗培训时应了解进水的来源和水质。

当再生水厂的水源为城市污水时，进水水源水质应符合《污水排入城市下水道水质标准》(CJ 3082—1999)、《生物处理构筑物进水中有害物质允许浓度》(GBJ 14—87 附录三)，设计和运行管理人员应了解城市污水中生活污水和工业废水所占比例、这种比例关系的季节变化规律，建立污水系统收集区域内的各企业、工厂排放的废水中的有害有毒物质档案。严禁放射性废水作为再生水水源。对污水系统收集区域内的工业废水应定期进行监测（一般1月1次），监测内容包括废水量、水质及一些特殊的有害有毒物质。每次监测数据应存档。

当再生水厂的水源为城市污水处理厂出水时，设计和运行管理人员应了解城市污水处理厂的水源、处理工艺、处理程度（一级处理还是二级处理）、出水情况等。城市污水处理厂出水应符合《污水综合排放标准》(GB 8978—1996)和《城镇污水处理厂污染物排放标准》(GB 18918—2002)的要求，并定期按该标准对城市污水处理厂出水进行监测，监测内容包括废水量、水质。监测频率应根据城市污水处理厂监测能力而定，北京市城市污水处理厂都具有设备完善的化验室，每日对污水处理厂进出水水质进行检测。因此，再生水厂可直接使用污水处理厂的检测结果，并1月监测1次，每次监测数据应存档。

再生水厂的进水应满足4.1.2中的要求。

7.2.3 供水的水质管理

供水的水质管理是保证城市污水回用安全性和适宜

性的最重要的部分。再生水水源为城市污水，再生水的使用范围广泛，水质要求各有不同，若再生过程处理不当，会影响其安全性。因此，运行管理人员应重视对再生水的水质管理，确保再生水的水质。

国家和北京市制定的相关再生水水质标准是再生水供水水质管理的基础。目前正在执行的标准有《城市污水再生利用 城市杂用水水质》(GB/T 18920—2002)、《城市污水再生利用 景观环境用水水质》(GB/T 18921—2002)、《农田灌溉水质标准》(GB 5084—1992)、《再生水用作冷却用水的水质控制标准》(GB 50335—2002)、《城市污水再生利用 地下水回灌水质》(GB/T 19772—2005)和《北京市中水设施建设管理试行办法》(1987年)。运行管理人员应掌握这些标准和供水的回用用户对象，根据再生水使用对象应达到的水质标准进行管理。当标准进行修改后，应执行新的标准，并相应地对再生水厂进行改造，以确保使用再生水的安全性。

7.2.4 水质测定

科学认真地采集具有代表性的水样是再生水水质测定的关键。水样采集的目的是用来分析出水达标状况和了解各工艺环节运行状况的，对采集的水样测定分析要能够反映出被采集体的整体全貌。因此制定测定采样的方法是十分必要的。

水质测定分为定期检测与临时检测。

定期检测是为保证再生水的安全和再生水设施的正常运转必须掌握的水质状态而进行的测定,采集水样的地点通常在回用工程中再生水厂的总出水口处,水样的采集应满足水质测定的需要。总出水口宜设有水量计量装置,在有条件的情况下,应逐步实现再生水比例采样和在线监测。

临时检测是在原水水质恶化及处理设施功能降低、再生水水质可能达不到水质标准要求的情况下进行,采集水样的地点要根据具体情况分析确定,可设在再生水厂的进、出水处,各单元构筑物的进、出水处、再生水输配水管线上,进水水源处等。

测定项目要根据回用对象和相应的再生水水质标准来确定,测定的频次要根据该项目测定的难度、对再生水对象影响大小、项目参数的变化特点来确定。综合目前已有的再生水水质标准和回用对象对再生水水质的一般要求,表 7-1 给出了再生水水质基本控制项目测定方法,表 7-2 给出了再生水水质基本控制项目测定频率。在回用工程调试阶段和开始供水的 2 个月内,测定项目的测定频率都应比表中给定的有所增加。

再生水水质基本控制项目测定方法　　表 7-1

序号	项目	测定方法	执行标准
1	pH	玻璃电极法	GB/T 6920
		pH 电位法	GB/T 5750
2	色度	铂-钴比色法	GB/T 11903
		铂-钴标准比色法	GB/T 5750
3	浊度	比浊法	GB/T 13200
		分光光度法	GB/T 13200
		目视比浊法	GB/T 5750
4	嗅	文字描述法	(1)
		臭阈值法	(1)
5	溶解性固体	重量法（烘干温度 180°C ±1°C）	GB/T 5750
6	BOD_5	稀释与接种法	GB/T 7488
7	COD_{Cr}	重铬酸钾法	GB/T 11914
8	SS	重量法	GB/T 11901
9	氨氮	纳氏试剂比色法	GB/T 5750
		蒸溜滴定法	GB/T 7478
10	凯氏氮	容量法	GB/T 11891
11	总氮	碱性过硫酸钾消解紫外分光光度法	GB/T 11894
12	总磷	钼酸铵分光光度法	GB/T 11893
13	阴离子合成洗涤剂	亚甲蓝分光光度法	GB/T 7494

续表

序号	项 目	测 定 方 法	执行标准
14	铁	二氮杂菲分光光度法	GB/T 5750
		原子吸收分光光度法	GB/T 5750
15	锰	过硫酸铵分光光度法	GB/T 5750
		原子吸收分光光度法	GB/T 5750
		高碘酸钾分光光度法	GB/T 11906
		火焰原子吸收分光光度法	GB/T 11911
16	溶解氧	碘量法	GB/T 7489
		电化学探头法	GB/T 11913
17	余氯	N,N-二乙基1,4苯二胺分光光度法	GB/T 11898
		N,N-二乙基1,4苯二胺-硫酸亚铁滴定法	GB/T 5750
		邻联甲苯胺比色法	GB/T 5750
		邻联甲苯胺-亚砷酸盐比色法	GB/T 5750
18	总大肠菌群	多管发酵法	GB/T 5750
19	类大肠菌群	多管发酵法、滤膜法	(1)
20	石油类	红外光度法	GB/T 16488
21	氯化物	硝酸盐滴定法	GB/T 11896
22	总硬度	EDTA滴定法	(1)
23	总碱度	EDTA滴定法	(1)
24	全盐量	重量法	(1)

再生水水质基本控制项目测定频率　　　表 7-2

序号	项目	测定频率			
		城市杂用水	景观环境用水	农业用水	工业冷却水
1	pH	每日1次①	每周1次②	每周1次	每周1次
2	色度	每日1次①	每日1次②	—③	每周1次
3	浊度	每日2次①	每日1次②	—③	每周1次
4	嗅	每日1次①	每日1次	—③	每周1次
5	溶解性固体	每周1次①	每日1次②	—③	每周1次
6	BOD_5	每周1次①	每周1次②	每月1次	每周1次
7	COD_{Cr}	—③	—③	每月1次	每周1次
8	SS	—③	每周1次②	每月1次	每周1次
9	氨氮	每周1次①	每周1次②	—③	每周1次
10	凯氏氮	—③	—③	每月1次	—③
11	总氮	每周1次	每周1次②	每月1次	—③
12	总磷	每周1次	每日1次②	每月1次	—③
13	阴离子合成洗涤剂	每周1次①	每周1次②	每月2次	—③
14	铁	每周1次①	—③	—③	每周1次
15	锰	每周1次①	—③	—③	每周1次
16	溶解氧	每日1次①	每日1次②	—③	—③
17	余氯	每日2次①	每日1次②	—③	每周2次
18	总大肠菌群	每周3次①	—③	—③	—③
19	粪大肠菌群	—③	每日1次②	每月1次	每月1次
20	石油类	—③	每周1次②	每月1次	—③

续表

序号	项　目	测定频率			
		城市杂用水	景观环境用水	农业用水	工业冷却水
21	氯化物	—③	—③	每月2次	每周1次
22	总硬度	—③	—③	—③	每周1次
23	总碱度	—③	—③	—③	每周1次
24	全盐量	—③	—③	每月1次	—③

① 表示在 GB/T 18920—2002 中规定的监测频率；

② 表示在 GB/T 18921—2002 中规定的监测频率；

③ 表示非监测项目。

在实际使用中，表 7-1 和表 7-2 中的测定项目应根据再生水水质标准的改变而增减，测定方法应随测定标准改变而改变。对于一些特殊的化学毒理指标和微量重金属指标，应根据回用对象和相应的再生水水质标准中要求的监测执行标准进行监测，运行管理人员应根据所确定的回用对象的特殊要求制定监测频率。

7.3 安全管理

（1）安全管理的目的是确保再生水的安全性，使客户放心地使用再生水。

（2）政府部门应对再生水设施进行定期监测和审查，每年根据审查结果，发放容许继续运营证。

（3）水利管理部门应适当保留再生水用户的新鲜水使用数，对水质水量有特殊要求的再生水用户应配备双水源系统，保留被替代的供水设施和供水指标。但对再生水用户无正当理由使用备用水应予以处罚。

（4）因再生水设施的故障或损坏而不能达到预定水质及水量时，该设施的管理责任人应立即检查、修理。

（5）因处理设施的能力降低而产生水量不足、因维修等原因停止供水时，管理者应立即通知用户，同时尽量缩短停水时间，采取必要措施保证再次供水时再生水设施的正常运转。

（6）当突然发生水质恶化和水量减少等情况时，管理者应立即通知用户禁止使用，通报事故的情况和处理等必要事项，同时采取紧急措施停止供应再生水，并迅速查明原因，及时妥善处理。

（7）各岗位操作人员和维修人员应经过技术培训和生产实践，并取得合格证后方可上岗，做到安全操作。

（8）操作人员应经常对再生水管线和设施进行巡视，检查有无误接、误用现象。在任何情况下均不允许再生水与自来水相接。

（9）再生水处理设施的运转及保养检查作业的安全管理按照劳动安全卫生法有关法规办理。为不使臭气等向周围扩散，满足作业环境卫生上的要求，应采取必要的措施，防止蚊子和苍蝇的孳生。

（10）所有公众出入的再生水服务区域应设置易于看到的告示牌，标有"再生水-禁止饮用"等字样及相应的标志图案。

（11）在传染病暴发期间，对于可用自来水代替的再生水系统，在对再生水系统进行严格消毒后停止使用，改用自来水。对于不能用自来水代替的再生水系统，应采取措施适当增加消毒药剂投加量，尽可能延长消毒接触时间，保证消毒效果，增加再生水管网巡查和水质检测频率。

7.4 维护管理资料保存

管理单位应建立健全资料保存的规章制度，保存的资料应包括基础资料和运行管理资料。资料应完整、准确、清晰，并有专人负责保管。所有的维护管理记录应事先准备好记录表格或表单，纪录应确保正确、清晰、及时。实行计算机管理的维护和运行资料应有备份。保存的资料通常包括：

（1）再生水设施的设备档案和技术资料，如：说明书、图纸资料、出厂合格证、安装记录、验收记录等。

（2）新建再生水厂的竣工技术资料，如：工程建设文本、技术设计资料、竣工验收资料等。

（3）再生水设施的维护、更新改造、补缺配套的记录。

（4）再生水设施的突发事故和设施的严重损坏及分析原因、解决处理情况的记录。

（5）再生水设施的运行记录和检测记录，各设施、设备的运行状况应根据需要制作成日报表，对主要项目以月报、年报的形式整理，并根据需要做统计，以充分反映运行管理的情况。

（6）再生水量和水质记录，以反映再生水处理系统的运行管理情况。

参考文献

1. 龙期泰. 国外城市污水回用的最新进展. 见国外城市污水回用的最新进展论文集. 1995，4
2. 王洪臣主编. 城市污水处理厂运行控制与维护管理. 科学出版社，1997
3. 日本下水处理水再利用技术指针(草案). 1989
4. 北京市市政工程设计研究总院. 废水资源化及对合理利用水资源和生态环境影响的研究. 2001
5. 上海市政设计院主编. 给水排水设计手册第 2 版(第 3 册：城镇给水). 中国建筑工业出版社，2003
6. 张自杰主编. 环境工程手册. (水污染防治卷). 高等教育出版社，1996
7. 聂梅生主编. 水工业工程设计手册(水资源及给水处理). 中国建筑工业出版社，2001
8. 张中和译. 城市污水高级处理手册. 中国建筑工业出版社，1986

致　　谢

在本书的研究和撰写过程中得到了北京市城市规划设计研究院、北京市城市排水集团、北京市再生水公司和北京市自来水集团公司的支持和帮助。清华大学张晓健教授、北京工业大学彭永臻教授、北京建筑工程学院汪慧贞教授、北京市排水集团王洪臣总工审阅了研究报告，并提出了宝贵的意见。为此，表示衷心地感谢！

本研究得到北京市科学技术委员会和北京市规划委员会的资助，在此也一并致谢。